# 创 新 赋

李牧童

混沌初开，演乾坤之爻变；阴阳交感，成宇宙于日新。毓六根之情性，生万类于絪缊。始怀仁以求是，终明易而通神。尔乃懋修德业，博取物身。随异时以裁度，施满腹之经纶。匡世济民，常领先于创举；移风矫俗，每革弊于陈因。乃知大道之行，必新可久；溥天之众，唯适堪存。

维我泱泱浙大，赫赫上庠。鹏抟禹甸，岳峙钱塘。虽滥觞于光绪，实踵迹于羲皇。笑览三千世界，饱经百廿沧桑。方其兴黉舍于普慈，延师启智；拯士风于科举，矢志图强。崇实求真，谋专精于术业；励操敦品，摒利禄于行藏。比及竺公受任，锐意更张。敬业乐群，改官僚之习气；尊师重道，充智慧之资粮。见闻多其弥笃，教学乐而互彰。既罹忧于兵燹，乃避难于他乡。辗转西迁，遗善行于赣地；迢遥东顾，播文种于黔疆。格物致知，学尽穷研之力；安贫乐道，居留瓢饮之香。遂开一时气象，而引无限风光。行正道于人间，龙骧虎步；铸贤才于海内，日盛月昌。

嗟哉！夫育材之庠序，乃济世之梯航。弘人本之方针，兼修道器；固德才之基石，广蓄栋梁。博学睿思，承菁华于往代；深谋远虑，造时势于前方。极数推来，拓新阶于诸域；秉诚知化，驱原创于各行。明治道之所宜，通权达变；率潮流于应向，内圣外王。扶国政于中庸，教敷百姓；导民心于至善，和洽万邦。皇皇大道，熠熠斯芒。惟新厥德，永发其祥！

# 浙大景影

## 浙江大学校园建筑文化地图

陈帆　王卡　曹震宇 ◎ 编著

忠实记录浙大校园建筑的发展变迁
在建筑中感悟校园文化
在校园里领略建筑之美
实景与设计图相映照
完美呈现建筑人眼中的校园建筑

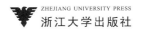

ZHEJIANG UNIVERSITY PRESS
浙江大学出版社

忠实记录浙大校园建筑的发展变迁
在建筑中感悟校园文化
在校园里领略建筑之美
实景与设计图相映照
完美呈现建筑人眼中的校园建筑

总　　序

教育强则国强。求是书院从清末的创办之日起，即确定了"居今日而图治，以培养人才为第一义；居今日而育才，以讲求实学为第一义"的办学宗旨；敢为人先，以引领风云际会之势，贯穿了浙江大学一百二十年办学历程的始终；与时代同呼吸，与国家发展同频共振，是浙江大学一以贯之的精神所在。

曾经，以兴新学而图国强，是那一代知识精英以知识振兴中华的理想和抱负。然而，没有强大的国家为后盾，办学的道路，曲折而多难。一部浙江大学的历史，也就是一部浓缩的中国高等教育和科学技术发展史，更是一部承载了中华民族文化血脉的历史。每当我们回首来时路，每当我们细数家珍，我们都会倍感今日的一切，来之不易。我们是历史的见证者，我们也是历史的创造者。一代又一代怀抱报国理想的中国知识分子，用自己的双手和汗水，为中华的强盛而努力拼搏。

在网络日渐成为人们生活中不可或缺的元素的时候，书卷，依旧是记载历史、呈现文化、讲述故事的最朴素的载体。在建校一百二十周年之际，这套"百廿求是丛书"，从历史，从文化，从教师的成果，从学生的成长，或是黑白或是彩色地用文字和图片呈现纷繁历史中的岁月积淀，或是叙事恢弘，或是微波涟涟，展现浙江大学独特的品格、独特的历史、独特的文化。在历史与现实的互相映照中，告诸往而知来者。浙江大学的家国情怀和社会担当从未懈怠，峥嵘岁月里铸就的浙大故事，历久弥新。

这套丛书共8本，依据"主人翁"的年岁为序，是为《浙大史料》《浙大景影》《浙大口述》《浙大原声》《浙大发现》《浙大戏文》《浙大范儿》《浙大飞语》。有办学史料选集，有校园建筑文化，有老浙大人的情怀，有新浙大人的理想……我们期望能够通过文字，留住过往，呈现历史，以励当下。

《浙大史料》的文字，以求是书院为起点，从"章程"到"规""例"，从"奏请"到"致电"，从"大纲"到"细则"，在史料散失现象十分普遍的情况下，很多是通过抓住点滴线头顺抽细检的方式考订所得，虽只是沧海一粟，但希望以此为起点，能使得我们的积累和研究日渐体系化、专业化。如果要将8本书分个类，《浙大景影》《浙大原声》和《浙大戏文》应当可以与《浙大史料》归在一类，它们共有历史记录的性质，虽然分别是以建筑、原创歌曲和原创校园话剧为主角，但都具有跨年代的积累，都具有浙江大学独一无二的文化烙印。而且，领衔的编著者，是这四方面工作的专业人士，他们用专业的眼光和方法，加之对学校的深深的爱，为读者烹制出原料纯正的精神佳肴。

《浙大口述》《浙大发现》《浙大范儿》和《浙大飞语》的主角是今天的浙大人。《浙大口述》的讲述人，很多已经近90高龄了，他们用平实无华的语句讲述的故事，就是浙大的历史。我们今天的办学成绩，都是在前人砌就的基业上取得的，中华人民共和国成立初期，家底之薄，创业之艰难，如果不是通过他们的讲述，也许我们很难想象。《浙大发现》则是大学办学发展的最好的佐证，浙江大学代代相传的求是印记，在于文化学脉与民族血脉的交融，在于中国知识分子以科学强国为己任的信念。《浙大范儿》是丛书中唯一一本以创业人为采访对象的原创作品集，浙大新一代创业人的感悟和思考，不仅对创业的学生和校友，乃至对高等教育的组织者也有启发和参考作用。《浙大飞语》也同样，青春的校园，记录着青春飞扬的生命。何为"浙大范儿"？就是树我邦国的家国情，开物前民的创新观，永远锐意进取的上进心，追求卓越、造就卓越的勇气和信心！

延续一百二十年的浙江大学文化，是岁月淘沙的瑰宝，是大学精神的底蕴，是共同价值的灵魂。传承和弘扬求是文脉，不忘前事，启迪后人。在新的历史时期，我们记述和表达的是今天的浙大人，扎根中国大地，为实现中华民族伟大复兴的中国梦而奋力前行的信念和脚步。

"百廿求是丛书"编委会

2017年4月20日

浙大景影

# 卷首语

## 回顾

倏忽二甲子，记录浙大百廿办学历史的除了文字、图片、人物、事件，还有校园里这些或大或小、或新或旧的建筑。校庆之际，给这些散布在各个校区的建筑拍张照，亦不啻为一种特别的回顾。

## 回忆

曾经在浙大驻足而后又走出去，前往全国各地乃至世界各国的校友数以十万计。在匆匆的工作和生活中，他们也许没有时间，没有机会回到母校来重温曾经的青春岁月。那么打开这本书，看看熟悉的校园，打开回忆的闸门，或许可以一解思校之情。

## 回眸

对于还在浙大工作学习的师生来说，书中的一些建筑和风景也许天天能见到，熟悉得有时甚至会忽略它们的存在。那也请打开书吧，换个视角，换种心情来了解这些建筑吧，也许下次回眸，再看到它们，会有别样的感觉。

# 1 紫金港校区

① 图书信息中心
② 东教学组团
③ 西教学组团
④ 实验中心
⑤ 中心岛组团
⑥ 学生食堂
⑦ 风雨操场
⑧ 医药学院组团
⑨ 建工学院组团
⑩ 农生组团
⑪ 纳米中心
⑫ 体育馆
⑬ 南华园

## 校区总览

1998 年四校合并之后，浙江大学的办学规模迅速扩大。随着学科建设的完善，原来的校园出现了学生众多、环境拥挤、专业分居等问题。从 2000 年起，在各级政府、部委以及相关部门的大力支持下，学校在杭州市区西北部征用土地建设紫金港新校区。

新校区的规划建设分东、西两区分期进行。东区位于西湖区塘北地块，规划用地面积约 2949 亩（196.63 公顷），规划总建筑面积约 114 万平方米。正在建设中的西区紧靠已建成的东区，规划用地面积约 2420 亩

（161.33 公顷），规划总建筑面积约 157 万平方米。

紫金港校区处于西溪湿地的边缘地带，南临余杭塘河，东区用地中水面面积接近总用地面积的五分之一，具有典型的江南水乡环境特征，自然风光十分优美。杭州市政府在批地的同时，要求将新校区建成为杭州的一个新的风景点。为此，学校对紫金港校区提出了以"园"为特征的现代化、网络化、园林化、生态化的建设目标。学校要求在规划和建筑的设计中，必须在校园中形成大大小小、有主有次的园林群，使园林包围建筑，让大楼依园而筑，按地貌自然分布，形成人、建筑与自然的和谐氛围。自 2000 年华南理工大学建筑设计研究院提供的规划设计方案中标至 2016 年，紫金港校区东区约 110 万平方米的建筑已建成投入使用，校园中分布着大小十余个园林，园林化的空间格局基本完备。

紫金港东区鸟瞰

## 校区未来

自 2003 年起，浙江大学开始进行紫金港校区西区的规划设计，于 2009 年确定浙江大学建筑设计研究院的方案为中标方案，并在此基础上调整并完成了修建性详细规划，目前正在按计划分阶段开展建设工作。

西区的规划理念为：采用"多心复环"的规划思路，解决超大型校园的教学、科研、生活等功能要求和交通问题，营造尺度宜人的校园空间；秉承东区"现代化、网络化、园林化、生态化"的格局，并融入具有中国文化底蕴的规划理念，尤其对"大学园林"的内涵作进一步的拓展延伸；完成由东区向西区发展的自然过渡，构筑东、西区一体化的生态校园环境；针对西区以国家实验室（研究院）为科研教学基本运作单位的功能特点，探索适应学科组群发展的社区型规划及建筑模式。

整体鸟瞰效果图

# 图书信息中心

建成年份：2003 年
建筑面积：40244 平方米
建筑层数：A 楼 4 层
　　　　　C 楼 18 层
结构形式：钢筋混凝土框架

总图

　　图书信息中心位于教学区中心位置，是新校区东西、南北景观轴的交点，也是整个校区最高的建筑。中心由 A、C 两栋楼组成，集图书馆、广电中心及行政中心等功能于一体，是校区中心公共性最强的建筑。

　　图书信息中心结合阅览、办公功能，采用 Low-E 玻璃界面，整组建筑晶莹剔透，如水中升起，在周边白色、赭石色的建筑群中脱颖而出。同时，玻璃对阳光的反射在不同时间、天气条件下均有不同效果，其时间性反映了建筑在校园中独一无二的角色特征。

　　图书馆主入口玻璃门厅处柱廊围合、修竹簇簇，形成了大尺度灰空间，形态上彰显了图书馆的地位，功能上提供了宽敞避雨、交往休憩的场所。设计者为浙江大学建筑设计研究院黎冰、林涛等。

图书馆主入口门厅

图书信息中心 A 楼一层平面图

北立面图

夕阳下的图书信息中心

图书馆西侧立面

图书信息中心西北侧全景

# 东教学组团

建成年份：2002 年
建筑面积：161313 平方米
建筑层数：2-6 层
结构形式：钢筋混凝土框架

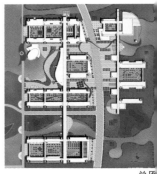

东教学组团延续了规划方案"网络化、生态化、园林化以及交流共享"的设计精髓。建筑功能及使用单位包括公共教学、大学物理实验中心、电工电子实验中心、信息基础实验中心、多功能馆、外语学院等。

组团以中间主交通轴联系起各功能区，并将其局部放大作为展览及休息场地。总体布局以理性的网格系统为主基调，公共部分的活跃建筑体量穿插其间。建筑以整体化设计为立意，总规肌理、平面布局、轴线关系、立面风格等都相互和谐统一。建筑与地形地貌密切结合，注重交往空间布局，并因地制宜地保留了有价值的绿化乔木。设计者为华南理工大学建筑设计研究院何镜堂、汤朝晖等。

首层架空的中央交往长廊

全景

水院雪景

中央交往长廊

西北角远眺

# 西教学组团

建成年份：2002 年
建筑面积：60114 平方米
建筑层数：2-5 层
结构形式：钢筋混凝土框架

总图

西教学组团大致分为南北两区，分别设置实验中心与教学大楼。作为主导体量的教学楼和实验楼规整有序，形成较大尺度的形体，与河对岸东教学组团遥相呼应。其余临水三组建筑则相对灵活自由，散置在各处形成聚合有序、错落多变的空间，使建筑与环境形成更紧密的关系。为了更好地向周围环境过渡，建筑体量保持向水面跌落的趋势，其周边均有一定程度的退让，尤其是临水面，大片的草坡柔化了人造景观与自然景观之间的边界。

建筑师以一种厚重、平实和近乎传统的手法表现了建筑的文化品位和风格的稳定性。教学楼的大片深色墙面与白色遮阳构架的对比，倾斜的屋面与出挑的梁头的组合，特别是架空层和楼梯间一侧的敞开式处理，以及空调通风格栅和细致的墙面分格，使厚重的建筑造型平添一种生动空灵的韵律。设计者为杭州市建筑设计研究院程泰宁、王幼芬等。

公共教学楼一角

临湖轮廓线

全景鸟瞰

连廊细部

实验中心庭院

# 实验中心

建成年份：2002 年
建筑面积：49116 平方米
建筑层数：5 层
结构形式：钢筋混凝土框架

1 - 金工实习中心
2 - 周厚复化学实验楼
3 - 生物实验中心

总图

实验中心的设计引入了园林概念，强调轻重的转化、对比与取舍，以人性化的手法消解实验建筑重拙冰冷的面目。

实验中心按化学、生物与金工三块内容分为三组，呈品字形，通过风雨廊连成整体组群。三组建筑错落布置，围成一系列大小不同、旷奥有别的室外空间，分别作为入口广场与景观院落，与校区园林有分有合。化学、生物二者使用功能相近，主入口合并于南侧广场。设计将设备管井外置，解放实验室空间；并契合管路系统的垂直流向，强调竖向体量的主导地位。由内外双层不同构造的面层结构表达管道、通风、空调、采光、遮阳等技术细节。金工实习中心以大小形体的组合穿插以及多种材料的运用，在让车间有效隔声防噪的同时让各功能空间一目了然。

实验中心以工程理性和人性化的方式成功解读了人与建筑、人与设备的关系。设计者为浙江大学建筑设计研究院董丹申、陆激等。

生物实验中心水景

东向远景

金工实习中心远眺

金工实习中心建筑细部

周厚复化学实验楼内院

15

# 学生活动中心

建成年份：2003 年
建筑面积：40000 平方米
建筑层数：2-6 层
结构形式：钢筋混凝土框架

总图

学生活动中心由北侧的月牙楼与南侧的活动中心通过架空连廊组成，位于校区较中心位置，四面环水。中心包括三大内容：校史馆与自然陈列博物馆、人文社科中心及活动中心。目前校史馆与国际设计研究中心位于活动中心东区，西区的人文社科中心改为建筑系馆，而活动中心则包含了1200座剧场、大中小报告厅、多功能厅、银行、商店、临湖餐厅及学生社团活动室等。

学生活动中心建筑在形态上呈现了大量的弧形元素，与圆形的中心岛和谐统一，以圆点的意象强调了它在整个校区东区的中心位置。

月牙楼因其南低北高的月牙形斜屋顶而得名，这样的设计减少了大体量建筑给南侧的开阔湖面造成的拥塞感，呈现出一种欢迎的姿态。同时也结合每层设置的弧形天窗，解决了内部空间的采光和通风问题。

月牙楼东南向黄昏水景

架空连廊联系的活动中心与月牙楼

活动中心由三个直线型、曲线型与卵型平面巧妙地围合成一个整体，三区既分又合，功能各异，色彩与月牙楼一致，卵型剧场屋面呈双曲状，且前低后高；四周墙面略有收分，上小下大，展现秀美的身姿。

全景鸟瞰

在原方案中，活动中心与月牙楼各自独立，时任浙江大学党委书记张浚生建议增加联系两者的架空连廊，在功能和形体上都加强了中心的整体感，而连廊本身也被学生昵称为"时空隧道"。

中心周围的景观设计也颇具匠心：下沉式的露天剧场、低洼的学生活动园地、坡向东南水面的整体地势、四周的各式花台及休息坐凳、近水的亲水广场与叠水景观、各处点缀的蒲公英庭园灯及其中心的大蒲公英灯塔标志。整个被绿化衬托的中心岛，从对岸遥望，四面环水，犹如水上蓬莱。设计者为同济大学建筑设计研究院戴复东、吴庐生等。

夜景

# 学生食堂

建成年份：2002 年
建筑面积：26678 平方米
建筑层数：3 层
结构形式：钢筋混凝土框架

学生食堂位于校区学生生活区的核心部位，其东、北、西三侧均为学生宿舍组团，南侧隔绿化带与教学区相望，可容纳 2 万名学生就餐。作为当时国内建成使用的最大规模学生食堂，其组合式的餐厅布局、集中厨房的"资源共享"理念、"自下而上"的厨房流线设计均突破了常规的学生食堂设计模式。

整个学生食堂是由东、西两大块餐厅通过南侧的连廊、平台、玻璃雨棚及中部的内庭院组织在一起的"餐饮服务综合体"。室内外之间的空间过渡不再是简单的走上台阶推门而入，而是通过组织大踏步楼梯、自动扶梯，并运用平台、天桥、庭院进行穿插、渗透，形成层次丰富的室内外过渡空间。学生食堂及其广场已经成为校区内最大最精彩的社交和展示空间。设计者为浙江大学建筑设计研究院陈瑜等。

通高三层的玻璃雨棚

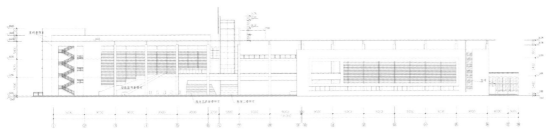

南立面图

主入口及生活广场

鸟瞰

一层西侧餐厅

# 风雨操场

建成年份：2002 年
建筑面积：10860 平方米
建筑层数：2 层
结构形式：预应力钢筋混凝土框
架结构、钢/膜结构

　　风雨操场是紫金港校区东区建设一期工程较早完成的重点项目之一，主要用于学生体育教学与训练。

　　风雨操场共两层，底层为 6 个篮球场、2 个网球场、8 道 100 米室内跑道、练功房等，二层为 6 个排球场。

　　因其位于校区东区主入口附近，同时依据功能特征可以采用半开放半封闭的形式，因此屋顶采用新型钢/膜结构，二层楼盖采用 36 米跨度的预应力钢筋混凝土框架结构。建筑总长度 150 米，膜面高 22.5 米。张拉膜引入的自然光线比较柔和，特别适合室内球类运动。膜结构特殊的外形使得风雨操场既像一艘远航的帆船，又如同一片起伏于草地上的白云，而在这里挥洒汗水收获快乐心情的学生们则亲切地唤之为"毛毛虫"。设计者为浙江大学建筑设计研究院吕子正等。

二层乒乓球场

南立面

南侧全景

一层篮球场

二层羽毛球场

# 医药组团

建成年份：2006 年
建筑面积：117940 平方米
建筑层数：3-11 层
结构形式：钢筋混凝土框架
　　　　　大跨钢梁混凝土结构
　　　　　异形空间网架结构

医药组团由医学院（综合楼、教学中心、研究中心）、药学院、动物实验中心、专业图书馆等四个相对独立的功能单位构成，是浙江大学在紫金港校区东区西南部新建的一个集教学、科研、实验、办公、图书资讯等功能于一体的综合性教育组群。

在总体布局上，设计积极倡导"园中园"的大学校园设计理念。依托南侧余杭塘河，该组团的总体布局沿河道东西向展开，共同围合"中央水院"，形成"以水为脉"的基本空间构架。

该组团通过点线结合的布局以及视觉通廊的留置，强调了建筑组群与校园大环境之间的交流与融合；通过方院、边庭、滨水广场的设置，增加了组群的室外空间层次；通过建筑群高低错落的体型轮廓与清新雅致的立面塑造，营造出明朗、生动的校园建筑界面。

医药组团中央水院

医学院入口

1. 医学院教学中心
2. 医学院研究中心
3. 人体博物馆
4. 医学院综合楼
5. 药学院
6. 动物实验中心
7. 专业图书馆

医药组团总图

医药组团的设计提出了以实验台宽度 800mm 为基本模数、6400mm×6400（9600）mm 为基本柱网的模数系统（图书馆为 7200mm×7200mm 柱网），通过平立剖面充分对位、室内外一体的设计方法，高效满足了医药学院学科多、功能杂的特殊要求，做到了控制有序、紧凑合理。

医药组团东北侧远景

同时，该组团的设计强调统分结合，通过统一柱网层高、精心整合水电通风辅助空间，有针对性地采取单廊、双廊、复合廊的平面组织形式，用平面模块化的设计手法，贯彻实用性、可变性、人性化的设计理念，提高了建筑群的使用效率与空间质量。

医学院内院全景

医学院教学中心西侧门廊　　　人体博物馆门廊　　　医学院研究中心"十字"母题

建筑局部

　　在形体塑造方面，设计强调了紧凑平实的主体建筑、较大尺度的空间门洞与错动跳跃的小体量建筑"雕塑"的对比性并置，虚实相生、整中求异，追寻"工整与意趣"的较好平衡；同时，在建筑群组独立成栋的基础上，又于二层打造连贯融通的人行广场，其上设置学生中心、报告厅、博物馆等公共设施，鼓励师生交流休憩，是对以功能实用性为主导的室内空间的延伸和补充，形成室内外氛围上的对比意趣。

　　在总体材质控制方面，设计提出"以白为底，以红为绘"的色彩意象，寓意"生命的血脉"在绿色田园与白色建筑间蜿蜒，抽象建立对医药学科特性的关照。

　　同时，在医学院综合楼立面、研究中心门墙及专业图书馆平面设计等方面，设计有意识地刻画"医学十字"母题，表达了设计主题性、人文化的倾向。

动物实验中心

药学院

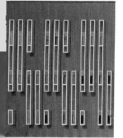
动物实验中心

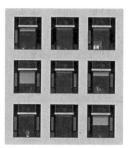
医学院综合楼

医学院教学中心 研究中心

专业图书馆

立面局部

建筑南北向布置，平面短进深设计，大量配备开启窗扇，充分满足了建筑自然通风采光的需求；架空广场、通高门架、挑高中庭等设置，也改善了建筑室内外区域通风环境。

医药组团的不同建筑单体采用各具特色的立面构造手法，综合满足通风、采光、遮阳、空调放置、管线遮蔽、休息观景等要求，既实用、又美观、且节能。

以人体博物馆为载体，该组团建筑高度整合了特异仿生建筑塑造、大跨钢梁混凝土技术、异型空间网架技术、异型空间幕墙技术，成功结合了理论研究与技术应用的需要，为校园增加了生动特异的建筑景观。设计者为浙江大学建筑设计研究院董丹申、叶长青等。

专业图书馆

人体博物馆

医学院入口方院

教学中心内院

研究中心边庭

庭院

# 建工学院组团

建成年份：2010 年
建筑面积：52500 平方米
建筑层数：1-8 层
结构形式：钢筋混凝土框架
　　　　　砌体结构、框剪结构、
　　　　　剪力墙结构、密肋空
　　　　　心薄板结构、钢桁架
　　　　　结构、空间网架结构

总图

建工学院组团包括学院大楼（安中大楼）、建工实验厅、海洋实验厅及海洋中心四个单体。建筑布局尝试将中国传统园林与西方广场加以糅合，冀图融贯两者之长，为紫金港校区增添新鲜的空间感受。设计将四组建筑分别围合成两个主要的室外限定空间，即以绿地为主的正方形庭院与种植多荫落叶乔木为主的曲尺形广场。沿广场两侧建筑设置"骑马廊"，为师生提供了良好的休憩交流空间。整个设计既秉承原有"叠山理水、匠心独运"的大学园林的理念，融入校园整体环境，又有所创新。

根据建工学院的专业特点，建筑师提出了"建筑教科书"的概念。结合功能需要，设计有意识地运用多种材料、多种做法和多种结构形式。该组团在结构体系上，以钢筋混凝土框架结构为主，穿插使用砌体结构、框剪结构、剪力墙结构、密肋空心薄板结构、钢桁架结

安中大楼全景

安中大楼内外渗透的楼梯平台

安中大楼骑马廊敞厅

26

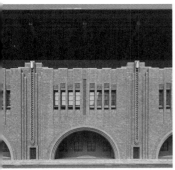

砖

砼

钢

构、空间网架结构等，局部采用预应力构件；在材料，特别是饰面材料上，使用了面砖、涂料、夹心薄壁钢板、断热铝合金窗及幕墙、Low-E中空玻璃、PVC卷材防水饰面、清水混凝土，还包括了清水红砖饰面等；在做法上，采用砂加气混凝土外墙自保温（以构造措施处理冷桥）系统、雨水收集利用系统、太阳能热水系统、固定式外遮阳系统等一系列绿色节能措施；在组团中，单层、多层和高层建筑类型俱全，大小空间、大小跨度齐备。

建筑在以清水红砖、拱、廊和叠涩等要素构筑面向过去的建筑性格的同时，以材料的对比和型制的提纯两种手法体现了建筑的现代性。清水砖墙均以页岩砖砌筑，坚持了可持续发展这一重要理念。设计者为浙江大学建筑设计研究院董丹申、陆激等。

曲尺形广场

建工实验厅拱廊

海洋中心外廊

# 农生环组团

建成年份：2010 年
建筑面积：137000 平方米
建筑层数：14 层
结构形式：钢筋混凝土框架

总图

　　农生环组团位于东区东南角，包括农业与生物技术学院、环境与资源学院、动物与科学学院、生物系统工程与食品科学学院等四个学院和一个国家实验室。

　　针对组团内学科的相关性，设计中引进了"高分子链"结构的概念，将各学院首尾相接，组成一个"链状结构"，通过线性链状结构的错位与扭转，自然产生不断变化的平面形态与立体空间。这种空间相互包容，你中有我、我中有你，且分合自如，借用衍生概念使建筑具有生长性，强调了现代学科的动态发展和可持续性；在强调组团建筑整体性的同时，也丰富活跃了建筑体形。而建筑所跨越的两条校区主要道路，又恰好成为功能分区的标识。

　　为凸显大学氛围、体现历史传承，在建筑架空的首层下，结合门厅，将每个学院的教研办公用房设计为书院形式，环境幽雅，书香四溢。

　　建筑主体以单元组合的方式，形成一组组"实验柜"，

农业与生物技术学院南侧

生物系统工程与食品科学学院

农业与生物技术学院庭院 动物与科学学院庭院

在立面上呈现出功能与内部空间的统一。同时通过实验室的双面布局，或一侧布置大进深实验室、一侧布置通透的走道来形成建筑的虚实对比，产生连续有秩的变化。

为体现农学及生物学特点，在绿化方面采用多种作物特色栽培，形成有层次的景观绿化。部分墙体采用了攀缘植物，形成垂直生态景观绿化。设计者为中国建筑设计研究院崔恺、周旭梁等。

环境与资源学院西南侧

农业与生物技术学院东侧 国家实验室南侧

# 纳米组团

建成年份：2012 年
建筑面积：33000 平方米
建筑层数：3-5 层
结构形式：钢筋混凝土框架

总图

　　纳米组团包含两个单体：校友活动中心和浙江加州国际纳米技术研究院大楼。联通校区东区中央景观水面的河道穿越用地北侧 1/3 处，将其分成两部分。因此设计将小体量的校友活动中心布置于用地西北侧，以大台阶跨越水面，而将纳米技术研究院大楼呈反 L 形置于东、南两侧，围合出内部广场。为了从遵义西路能直接看到并进入到校友活动中心，纳米技术研究院大楼南面的形体下面架空了两层。

　　校友活动中心呈不对称 T 形，南北方向是一个下部为咖啡吧的大台阶，设有五根浮雕柱，在大型活动时作为校友活动中心的南向礼仪入口，可以直上二层的展示大厅及三层的多功能厅，并连通西向的景观大平台。校友可在此驻留，拍照留影，在登高的过程中逐渐欣赏到更远的风景；行至三层西侧的景观大平台，东校区中央景观水面的全景便可以尽收眼底。

内部广场

校友活动中心的南向礼仪入口

隔水远眺纳米组团

现代简洁而沉稳的风格是纳米组团立面造型的基调。校友活动中心以跨越河道的大台阶制造气势，北立面则以实为主，整体造型在一个框架内，体块穿插其中，大虚大实。纳米技术研究院大楼主立面以重复出现的元素形成建筑韵律感。西向以一个空透的遮阳框架形成完整的体量背景，穿插了一个外挑8米的大报告厅体量，而这也成为项目的技术亮点。

建筑外墙以深灰色石材为主，西向的报告厅及南侧局部体量覆以砖红色陶板，顶层设置U形玻璃外廊，在整体材料色彩、质感、虚实上形成对比。

纳米组团已经成为紫金港南部校区一个独特的场所。尤其是其震撼、大气、庄重的大台阶及西向和大草坪融合的广场，多次成为浙大集体婚礼的主会场，受到各界校友的好评。设计者为浙江大学建筑设计研究院董丹申、劳燕青等。

校友活动中心东立面

校友活动中心回望纳米楼

# 体育馆

建成年份：2012 年
建筑面积：16240 平方米
建筑层数：2 层
结构形式：钢筋混凝土框架
　　　　　索桁钢结构球壳

广场透视

　　6000 座的体育馆是一个集中了高科技和环保理念的综合性体育场区，为在校师生和整个社区提供了体育运动、休闲娱乐、展览、庆典等活动的多功能空间。

　　建筑顶部悬浮于主体建筑之上，由四根桁柱上伸出的悬缆固定，顶部呈现树叶的造型。极简的形体轻盈美观，与周围景观相处和谐，优雅的结构主体跨越整个座席区，很好地对应了场馆所处的校园观礼区门户的位置。

　　该项目严格按照国际体育组织比赛及训练标准设计，采用最先进的结构和工程系统，所有建筑设计均为智能型，由管理和维护中心控制。安全保障系统的设计将保证建筑内人员在 2 分钟内撤离到安全区域。本建筑由澳大利亚 COX 集团、澳大利亚 ARUP 公司、浙江大学建筑设计研究院有限公司联合设计。

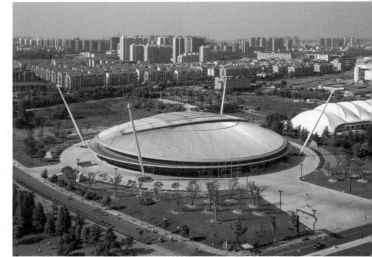

鸟瞰

室内环廊

# 南华园

建成年份：2005 年
建筑面积：766 平方米
建筑层数：2 层
结构形式：砖木结构

西向轮廓

　　紫金港校区东区西南部有一片保存完好的原生态湿地，其中两幢传统民居建筑由武义书画院院长王卿芳先生个人出资购买捐献，为武义明清古建筑移建，复建时又辅以廊庭等，同时取名为南华园。浙江大学时任校长潘云鹤为南华园题匾，碑记由时任副校长卜凡孝书写。

北楼与内院

　　浙中民居素富特色，然知之甚少，且留存日稀。公元二〇〇二年秋，武义、龙游之交处拆除两幢明末民居，时值浙江大学紫金港校区一期工程竣工，武义县政府乃倡襄赞，邑中雅士王卿芳先生遂慨购而赠之，以作建筑之标本兼丰校园之文化。浙江大学感荷厚赠，视为瑰宝，择址复建，辅以廊庭。公元二〇〇五年五月告成，题名：南华园。近邻秋水湛碧，春柳拂栏；远映群楼巍峨，学子涌动。三百年前之古朴典雅园林风貌与现代科技文明和谐相融，动静得宜，自此学士俊彦汇聚于斯，交流学术，吟诗作画，逸兴遄飞，其乐何如。

鸟瞰

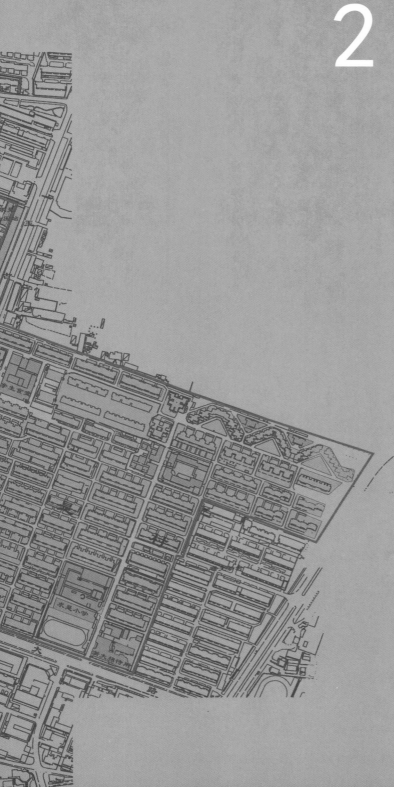

# 2 玉泉校区

## 校区总览

1945 年抗战胜利，浙大重返杭城，校园修复与重建随即展开。当时浙大校园主要分布在城东大学路和华家池。校园建筑主要包括：求是书院（普慈寺大殿）、阳明馆、梨洲馆、舜水馆、存中馆等，校园内还有两处人造景观慈湖和钟山，可谓有山有水。

1952 年院系调整后，浙江大学成为拥有电机系、机械系、化工系和土木系四个工程学系的多科性工业大学，校园范围为城东大学路校区的 400 亩地。为寻求更大的发展空间，经上级批准，由时任浙大党委书记兼第一副

校长刘丹主持浙大新校园的选址、规划和建设。几经周折，初定新校址在黄龙洞一带，但经实地勘探证实，这一带土质条件不佳，建造成本较高，于是重新选址，最终浙大新校园定址于玉泉寺北的老和山麓。该选址得到当时的教育部长杨秀峰和同济大学建筑系著名教授哈雄文的肯定。

校区鸟瞰

新校园总体规划由土木系建筑学专业教师何鸣岐在苏联专家的指导下主持制订，并在多方意见的基础上不断修改完善。总体规划将校园分为三个区域：教学区、运动区和生活区。

1953 年 7 月新校园建设破土动工，率先建造的是第一学生宿舍（时称北大 U），随后于现在教十二的位置建造第二学生宿舍（时称南大 U），两个宿舍呈八字形对称布局。就在第二学生宿舍建至一层时工程被突然叫停，原因是受邀为杭州市做总体规划的苏联专家穆欣在飞机上看到，浙大新校园的主轴线与杭州市规划的中心放射形轴线布局不一致。在尊重苏联专家意见的基础上，浙大新校园规划进行了调整，使两条平行的教学区主轴线和生活区副轴线与杭州市的中心放射形轴线保持一致。这一调整造成两个结果：一是玉泉校区几乎所有

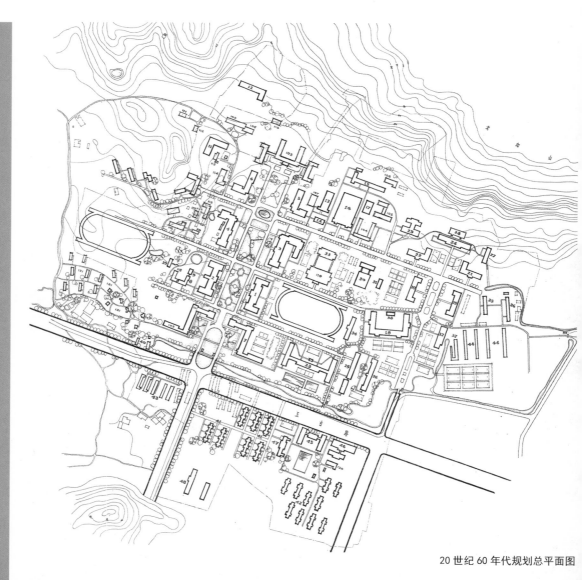

20 世纪 60 年代规划总平面图

建筑都是南偏西约16°布局，唯独第一学生宿舍基本是正南北布局的；二是玉泉校区在相当长一段时期内没有第二学生宿舍。玉泉校区现在的第二学生宿舍建于1983年，是由第一学生宿舍扩建而来，近年才得以定名。

20 世纪 50 年代苏联专家规划草图

20 世纪 80-90 年代总平面图

## 玉泉校区教学组团

玉泉校区的教学楼沿教学组团中轴线两侧，采用基本对称的方式布局。由东往西，北侧依次是教十一（原行政大楼）、教一、教三、教五、教七，南侧依次是教十二（原理科大楼）、教二、教四、教六、教八。中轴线东端是大校门，西端是图书馆。

20世纪50年代建造的教一、教二在建筑风格上对当时全国流行的大屋顶形式进行了一定的改进，并未完全采用梁思成先生倡导的民族形式。因此不仅没有被认为太浪费而遭到批评，反而受到了表扬，何鸣岐先生也因此被破格提为副教授。随后建造的教三、教四改成了小屋顶，到建设教五、教六时就已经是平屋顶形式。60年代建造的教十一与70年代建造的教十二也采用基本对称布局。80年代建造的教七和教八则是位置对称、造型各异，不再遵循形式对称原则。

2005 年 7 月，浙江大学玉泉校区建筑群被列入杭州市人民政府第二批历史建筑保护名单，其中包括 1-6 号教学楼、11 号教学楼、3-4 号学生宿舍楼和产业楼。

2017 年 2 月，该建筑群入选浙江省人民政府发文公布的第七批省级文物保护单位名单。

教学组团中轴线鸟瞰

# 玉泉校区大校门

大校门设计图局部（1956年）

　　1957年建成的大校门以校园教学区中轴线为对称轴，南北两侧各有一个校门，面向东方。北侧校门为主出入口，以步行为主。南侧校门不常开，以机动车出入为主。两校门之间为绿化带。校门门墩高6米，顶部有云板，下挂照明灯，通体为斩假石饰面。门墩中空为岗亭，设有门和问询窗。设计者为浙大教师何鸣岐。

大校门（50-60年代）

　　为配合85周年校庆，学校决定新建校门。新校门保留原校门格局，在两侧老校门之间新建框式大门廊和南北各一传达室。新校门比例推敲细致，形态匀称典雅，通体以斩假石饰面，是当时的典范之作。传达室造型轻巧，特别是西侧的预制镂空花格墙是60-80年代风靡全国的流行设计手法，具有鲜明的时代特征。设计者为浙大教师王馥梅。

大校门（80-90年代）

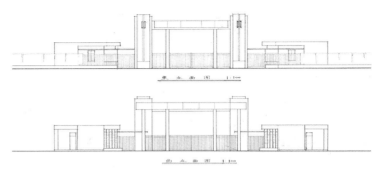

大校门设计图（1982年）

时值 100 周年校庆，学校原计划完全新建校门，后因经费和时间等原因调整为改建。新校门以干挂花岗石重新饰面，并在左右两侧增设景观墙，墙体为整块花岗岩，上面分别凿刻着经过艺术化处理的浙大校训："求是""创新"四个大字，整体建筑显得雄浑有力。改建设计者为浙大教师罗卿平。

大校门

传达室镂空花格墙

新校门凿刻校训"求是""创新"四字是由时任副校长卜凡孝提议的，当时设想四字要达到近看是字远看像画的效果。所以现在看到的四字是请中国美院教师经过艺术设计处理后的结果。

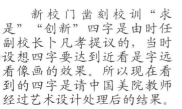

大校门艺术字"求是"

大校门艺术字"创新"

# 第一、第二教学大楼

建成年份：1954 年
建筑面积：7316 平方米
建筑层数：中间 4 层，两翼 3 层
结构类型：砖混，木屋架

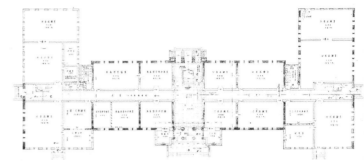

第一教学大楼底层平面图

第一教学大楼简称教一，平面呈 H 形，是中西混合式或曰折中主义建筑。

教一立面采用典型的欧洲古典主义纵横三段式对称构图，装饰细部采用中国北方传统官式殿堂建筑样式。中间主体屋顶采用中国传统的单层歇山顶形式，屋面黑色筒瓦，鸱尾、垂兽及戗兽均用和平鸽的形象代替传统脊兽样式，充分体现出当时的社会气氛。屋顶檐下额枋装饰线脚仿自北方官式建筑彩绘，屋顶山部有搏风板熟铁金钉和山花窗。屋身为红色清水砖加局部混水砖的混合式外墙，窗下混水墙部分有装饰线脚。基座采用混水砖外墙，勒脚部分为传统须弥座形式。主入口门楼部分的额枋、雀替、柱础、装饰纹样等均参照北方官式建筑样式，入口踏步两侧置抱鼓石勾栏。次入口采用中国传统垂花门形式。

设计者为浙大教师何鸣岐、李恩良、童竞昱、杜铭愚、甘克均等。

第一教学大楼（50 年代）

第二教学大楼（50 年代）

第一教学大楼正立面图

第二教学大楼简称教二，与教一呈镜像对称，从平面形状到立面造型几乎完全相同，只是具体使用功能有所差别。教二的设计图纸是从教一反晒而来，设计者同教一。

第一教学大楼北侧全景

设计者何鸣岐先生师从我国著名建筑师陈植先生，曾在华盖建筑事务所任绘图员。50年代初何先生由之江大学转来浙大土木系任教，并领衔设计了玉泉校区最早建造的一批建筑，包括：教一至教四，一舍到八舍以及校门等，从这些建筑的设计中可以看出何先生扎实的古建知识和构造功底。

第二教学大楼东立面

教一为机械系大楼，是浙大玉泉校区兴建的第一幢教学大楼，也是浙大众多工科专业的发源地，孕育出光学仪器、内燃机、热物理、液压、材料等专业，并在此基础上，发展成为现在的机械设计与制造、材料、热能、光仪、科仪等院系。

教二一直是电机系大楼，也是双水内冷发电机、感应加热电源、直流输电、纹织CAD技术等一系列令人瞩目的科研成就的孕育地。

第一教学大楼主入口

# 第三教学大楼

设计年份：1954-1955 年
建筑面积：11380 平方米
建筑层数：主体 4 层，
　　　　　局部塔楼 6 层
结构类型：砖混，木屋架

正立面图

第三教学大楼简称教三，是玉泉校区教学组团中轴线上 6 幢 50 年代建造的教学楼中面积最大的一幢。

教三平面呈 C 形，也是典型的中西混合式建筑，设计手法与教一基本一致。立面采用欧洲古典主义纵横三段式非对称构图，装饰细部采用中国北方传统官式殿堂建筑样式。屋顶以平屋面为主，局部最高的塔楼部位（南侧与西侧转角处）采用中国传统的单层四角攒尖屋顶形式（原设计为重檐），使得建筑形象特征更加突出。墙身为红色清水砖加局部混水砖的混合式外墙，檐口局部有斗拱样式的装饰线脚，勒脚部分为须弥座样式。教三主入口门廊仿自北方传统官式建筑样式，室内门厅为二层通高回廊式八柱八边形圆柱大厅，顶棚采用中国传统平棊天花式样，装饰图案则为欧式花纹。

设计者为浙大教师何鸣岐、李恩良、童竟昱、杜铭愚、肖善驹等。

西南侧立面（50 年代）

西南侧立面

# 第四教学大楼

设计年份：1955-1956 年
建筑面积：9638 平方米
建筑层数：主体 4 层，
　　　　　局部塔楼 6 层
结构类型：砖混，木屋架

正立面图

　　第四教学大楼简称教四，平面呈 L 形，规模比教三略小，建筑造型、空间格局等基本以教三为蓝本。因当时国家经济状况不佳并提倡勤俭节约，为顺应当时的社会风尚，圆柱大厅、钢窗、木地板等被精简掉。设计者为浙大教师何鸣岐、李恩良等。

　　50 年代，教三附近一带曾被浙大师生戏称为"南京路"，是校园里比较热闹的地段，教三的圆柱大厅也是当年师生们经常举行舞会的最佳场所之一。这里也是浙大光仪系的摇篮。1958 年时任人大委员长、国家副主席刘少奇访问浙江大学时曾参观教三光学仪器实验室。

　　1966 年光仪系师生接受国防科研任务，奉命研制三台用于记录核爆炸的 250 万幅 / 秒等待式高速摄影机，9 个月内完成。于是教三又变身成为一个神秘的研究基地。

　　教四是化工系大楼。当时如不建教四，化工系就无法从大学路迁来玉泉。50 年代教四建设时遭遇经费困难。经学校与政府协商，以浙大大学路校舍让给省中医进修学院交换省卫生厅基建经费的方式，获得了应急的部分建设经费。因此教四的建设标准要低于教三。

北立面（50 年代）

东北侧远眺

47

# 第五教学大楼

设计年代：1957 年
建筑面积：5387 平方米
建筑层数：3-5 层
结构类型：砖混

正立面图

第五教学大楼简称教五，平面呈 L 形，是简化版的中西混合式建筑。立面构图采用欧洲古典主义的竖向三段式，装饰线脚取材于中国传统装饰纹。屋顶采用平屋顶形式（局部有缓坡屋顶），檐口有简化的装饰线脚，屋身为红色清水砖加混水砖混合式外墙，基座为混水砖外墙，勒脚部分的凹凸线脚依稀带有中国传统须弥座的影子。设计者为浙大教师杜铭愚、王德汉、甘克均等。

20 世纪 80、90 年代，教五是土木系大楼，四楼朝北有间大教室是建筑学专业的素描教室。1982 年有一天同学们正在上课时，突然教室里走进一位慈祥的老者。美术老师顾小佳向大家介绍说：这位是著名画家常书鸿先生，先生正在位于图书馆的临时画室为母校创作油画，休息之余过来看看同学们。于是同学们怀着敬仰的心情纷纷拿出笔记本请常书鸿先生签字留念。

数年之后，也是因了母校情结，常书鸿先生的孙子常飞自然而然地投学到浙大建筑系。

东南侧立面（50 年代）

南立面

# 第六教学大楼

设计年份：1957-1959 年
建筑面积：5700 平方米
建筑层数：3-5 层
结构类型：砖混

正立面图

　　第六教学大楼简称教六，平面也呈 L 形，整体造型语言与教五如出一辙。建筑设计由本校教师和学生共同完成，主要参与者有何鸣岐、王德汉、陈邦仁、孙去傲等。

西北侧远眺（50 年代）

西北侧近景

# 第十一教学大楼

设计年份：1960 年
建筑面积：10094 平方米
建筑层数：3-5 层
结构类型：砖混

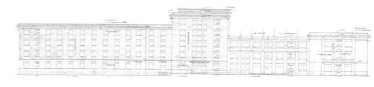

西立面图

第十一教学大楼简称教十一，原为行政大楼，平面呈Z形，主要部分为综合办公区，西南翼部分为会议室。

教十一设计手法依然是欧洲古典主义竖向三段式构图，细部装饰兼有中西不同样式。建筑全部为平屋顶，分三层、四层和五层三种体量关系，组合成一个有机整体。主要建筑体块部分檐部出挑，并以中国传统建筑瓦当为装饰语言。原设计主要部分外墙为红色清水砖和混水砖混合外墙，会议室部分为混水砖外墙，现全部为混水砖外墙。会议室前厅部分设计带有明显的欧式风格。会议室二楼东西两侧有挑阳台并采用中式传统装饰纹样。设计者为浙大教师何鸣岐、王德汉等。

东南侧立面（60 年代）

东南侧远眺（70-90 年代）

# 第十二教学大楼

设计年份：1973-1974 年
建筑面积：9620 平方米
建筑层数：3-5 层
结构类型：砖混

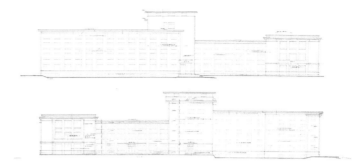

东、西立面图

第十二教学大楼简称教十二，原为理科大楼，平面呈 Z 字形，与教十一大致对称，体量也与教十一相仿，但装饰线脚已基本取消。原设计在与教十一会议室体块相对称的部分设有相应的装饰线脚，但实际建设时已取消。墙身全部为混水砖墙，檐下的通风洞预制花格是 60 年代至 80 年代中国建筑设计的常用手法，具有鲜明的时代特征。设计者为浙大教师王德汉、周培希等。

东北侧远眺

教十二这块地方颇有些"传奇"色彩。1953 年在此地计划开建第二学生宿舍（南大 U），但因为与当时苏联专家所做的杭州总体规划相左而夭折。1960 年在此地块设计完成了与教十一对称的图书馆方案，但未获得教育部经费支持而难以实施。70 年代初，理科大楼终于在这块土地上拔地而起。

檐下通风洞预制花格

51

# 第七教学大楼

设计年代：1982-1984 年
建筑面积：11453 平方米
建筑层数：3-9 层
结构类型：钢筋混凝土框架

南立面图

第七教学大楼简称教七，建成于 1987 年，平面呈不同矩形单元按直角关系自由组合形态，最高点高度达到 46.90 米，是当时玉泉校区内的最高建筑。建筑造型熟练表达了现代主义建筑语汇，大体块立方体的组合高低错落、前后有秩。立面构图充分体现了理性主义的严谨和秩序，而与之相伴的竖向遮阳板则表露出鲜明的时代特征。设计者为浙大教师王德汉、周培希、吴家敏等。

教七因背依老和山，如逢云雾缭绕之时，远远望去时隐时现，故有调侃之说：朦朦胧胧看娇妻（教七）。

主入口

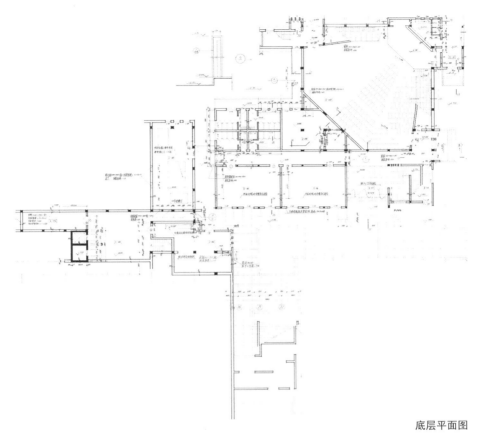

底层平面图

东南侧全景

# 图书馆

建成年份：1982 年
          1994 年改扩建
建筑面积：21132 平方米
建筑层数：7 层
结构类型：钢筋混凝土框架
          无梁楼盖

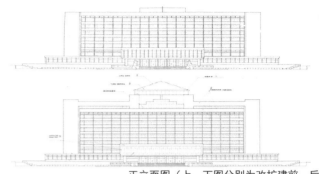

正立面图（上、下图分别为改扩建前、后）

图书馆位于教学组团中轴线结束端，平面立面均呈轴线对称布局，是典型的现代主义建筑风格，同时又具有欧洲古典三段式构图的特征。建筑造型从体块组合到虚实比例均遵循理性主义的逻辑关系，在秩序中求变化，在变化中理秩序。外立面水平与垂直遮阳板细部推敲考究，比例尺度适宜，虚实关系得当，使得整体建筑形象大气典雅，成为当时建筑系学生学习的典范。外墙面装饰材料分别采用了白石屑粉光、斩假石和混合砂浆条毛粉刷，三者粗细搭配得当，体现出设计的精细。图书馆的书库设计同样独居匠心，为达到节约空间、节约建材、节约投资的目的，设计采用了无梁楼盖结构体系、预制楼板升板施工法以及悬挂式密集书架等方法，取得了比较理想的效果。设计者为浙大教师许介三、陆亦敏、王德汉、王馥梅、竺沅芷、周培希等。

正立面

# 第一学生宿舍（大 U）

设计年份：1953 年
建筑面积：8262 平方米
建筑层数：3 层
结构类型：砖混，木屋架

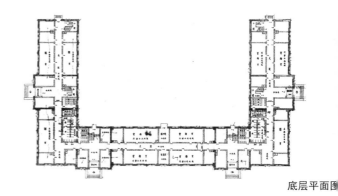

底层平面图

第一学生宿舍简称一舍，平面形状呈 U 形，故又被称为大 U。大 U 是玉泉校区建成的第一幢建筑，为适应 50 年代当时的办学条件，原设计一层为教室和实验室，二层为教室和宿舍混合层，三层为宿舍，后改为单纯的学生宿舍。大 U 建筑立面依然采用典型的三段式构图，屋顶为木屋架青平瓦四坡屋顶，屋身为混水砖墙，檐下及窗下有中国传统纹样的装饰线脚。主出入口门额有雀替装饰。室内房间铺木地板，并配有木制壁橱、脸盆架，盥洗室还有热水供应，是当时校内配置最好的建筑。设计者为浙大教师何鸣岐、竺沅芷、夏志斌等。

随着学校规模的不断扩大，为缓解学生住宿紧张的矛盾，1983 年大 U 开始进行改扩建，将原有的三层坡屋顶建筑改成五层平屋顶建筑，同时在中间增加一肢，如此原来的大 U 就变成了现在的大 E。

大门进口民族式简单花饰详图平顶线脚详图

东立面（50 年代）

东立面

# 第三、第四学生宿舍

设计年份：1953 年
建筑面积：各 3369 平方米
建筑层数：3 层
结构类型：砖混，木屋架

前立面及侧立面

第三学生宿舍与第四学生宿舍沿生活区副轴线对称布置，二者按照同一套设计图建造。平面均呈小 U 字形，设计手法基本参照大 U 进行，是缩小版的大 U。设计者为浙大教师何鸣岐、杜铭愚、李恩良、童竞昱等。

三舍、四舍和七舍是玉泉校区迄今为止还基本保持原貌的学生宿舍。

第三学生宿舍鸟瞰

第三学生宿舍主入口

第四学生宿舍主入口

# 第五、第六学生宿舍

设计年份：1953 年
建筑面积：各 3306 平方米
建筑层数：3 层
结构类型：砖混，木屋架

第五学生宿舍南立面及东立面

第五学生宿舍与第六学生宿舍同样沿生活区副轴线对称布置，二者也是按照同一套设计图建造。平面均呈 L 字形，设计手法依然参照大 U 进行，从立面构图到装饰细节、从表面材料到色彩搭配均以大 U 为蓝本。设计者为浙大教师何鸣岐、萧善驹、李恩良、童竞昱等。

第五学生宿舍北立面

为缓解学生宿舍的紧张状况，1991 年，五舍、六舍由原来的三层加建为五层，原来的四坡顶也被改成平屋顶，但原来的装饰细节仍然依稀可见。

第六学生宿舍南立面

# 第七学生宿舍

设计年份：1956-1957 年
建筑面积：8997 平方米
建筑层数：3-4 层
结构类型：砖混，木屋架

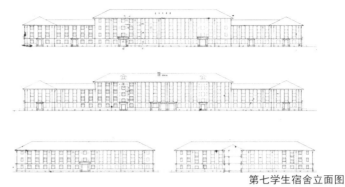

第七学生宿舍立面图

第七学生宿舍简称七舍，平面呈 H 形，依然是经典的三段式立面构图，中间段四层，两翼各三层，屋顶为四坡顶，墙身为混水墙，无装饰线脚。整体形象类似于简化版的一舍。七舍西侧正对大操场，西立面总长度超过 120 米。设计者为浙大教师何鸣岐、童竟昱等。

西南侧全景（50 年代）

七舍在玉泉校区颇有名声，经常被演绎出灵异故事和风水戏说，每每提及总有几分神秘的色彩。

西侧分段全景

# 第八学生宿舍

设计年份：1957-1958 年
建筑面积：4065 平方米
建筑层数：3-4 层
结构类型：砖混，木屋架

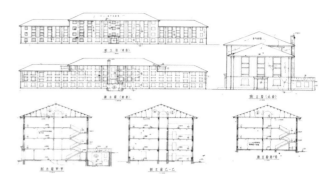

立面与剖面图

第八学生宿舍，1958 年建成，平面呈一字形，左右对称，中间四层，两翼三层。四坡顶，混水墙。主入口门头有装饰纹样。八舍位于老和山脚下玉泉校区生活组团中轴线尽端的台地上，地势较高。台地下左右（南北）两侧分别是五舍和六舍，三个宿舍合围形成的 U 形空地是四片篮球场。八舍原设计为单身宿舍，后改为学生宿舍。设计者为浙大教师何鸣岐、林俊侠等。

2001 年老八舍在原址重建。建成后的新八舍成为玉泉校区规模最大、条件最好的女生宿舍之一，号称"公主楼"。恰巧五舍和六舍也是女生宿舍，于是三个宿舍前面的球场聚集了浙大最勤奋的业余球员，也成为浙大出勤率最高、出勤时间最长的场地之一。

老第八学生宿舍的坡屋顶（1950-2000 年）

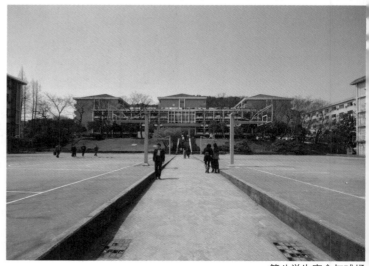

第八学生宿舍与球场

# 第三食堂（怡膳堂）

设计年份：1978-1979 年
建筑面积：4065 平方米
建筑层数：2 层
结构类型：钢筋混凝土框架
　　　　　钢屋架

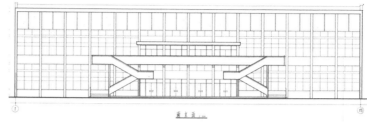

正立面图

第三食堂位于玉泉校区新桥门附近，现更名为"怡膳堂"。平面呈矩形，典型的现代主义方盒子建筑，南北面大面积开窗，东西面为实墙。一层是 4 排柱 3 跨大空间，二层为 24 米跨度钢屋架无柱大厅。设计简洁明快、干净利落，是当时校内规模最大、设备最好的食堂。设计者为浙江大学建筑设计研究院沈石安、袁雪成等。

东南侧近景

计划经济年代，全校师生持饭菜票就餐，各食堂不能通用。由于三食堂的饭菜口碑颇佳，所以许多同学都会托关系搞到三食堂的饭菜票以便一饱口福。

80 年代的校园文娱生活相对还是比较单调的，每逢周末，几个大系办的周末舞会算是比较固定的常规节目，三食堂则是当时比较抢手的舞会场地。

主入口

# 邵逸夫科学馆

设计年份：1985-1986 年
建筑面积：4815 平方米
建筑层数：2 层
结构类型：钢筋混凝土框架

底层平面图

邵逸夫科学馆简称邵科馆，1987 年建成，是邵逸夫先生在国内捐建的第一座建筑。设计以方形和三角形两种基本几何体的组合形成构形，以玻璃幕墙与实体墙互衬形成强烈的虚实对比，尤其是三角形玻璃幕墙如船帆般直立云霄，寓意"学海扬帆"，给人以深刻印象。设计者为浙江大学建筑设计研究院罗鸿强、吴文冰等。

邵科馆动工不久即发现古墓群百余座，时间跨度由汉至宋，其中有汉砖上刻铭文"与世无争"，竟与邵先生之座右铭不谋而合。

邵科馆门厅墙壁上悬挂有大型油画《攀登》，此画成于 1983 年，为老校友、著名画家、被誉为"敦煌守护神"的常书鸿先生偕夫人李承仙女士共同创作并献给母校的珍贵礼物。

主入口

馆内常书鸿油画《攀登》

南立面、东立面图

南立面

内庭院

# 周亦卿科技大楼

设计年份：2003 年
建筑面积：9326 平方米
建筑层数：5 层
结构类型：钢筋混凝土框架

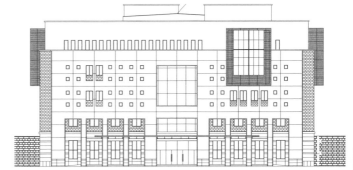

正立面图

周亦卿科技大楼由香港实业家、中华厂商联合会名誉会长周亦卿先生捐资所建，是浙大生物医学工程与仪器科学学院的大本营。

大楼的建筑设计具有新现代主义的风格，平面围绕中庭呈回字形展开，东西视觉走廊在此汇聚并贯通。整体造型以一组矩形体块沿经纬两向有序地组合在一起，逻辑关系清晰明了。方管状造型体源自对"显微镜"概念的抽象表现，同时回应了生命科学与仪器的学科主体。

门廊设计以一段大尺度的自由墙为背景，镂以一个方形的空洞，同时镶以一个方形的立方体，两者一虚一实、一阴一阳，使得主入口空间表现出独具匠心的个性特征。设计者为浙江大学建筑设计研究院杨易栋等。

主入口门廊正面

东南侧全景

南立面图

大楼局部

周亦卿先生祖籍浙江，是大型跨国企业——香港其士集团主席，曾获得英国女王、比利时国王、法国政府颁授的勋衔和荣衔，也获得过多所知名大学的院士学衔和荣誉博士学位。香港其士集团秉承"积极公益、回馈社会"的周氏理念，专门设立"其士文教基金会"并积极参与社会服务、文化推广、艺术交流、学术研讨活动，为促进内地和港澳台等地在文化、教育、艺术等方面的交流做出了令人瞩目的成绩。

大楼中庭

65

# 永谦学生活动中心

设计年份：1998-1999 年
建筑面积：7865 平方米
建筑层数：2-3 层
结构类型：钢筋混凝土框架
　　　　　空间网架屋顶

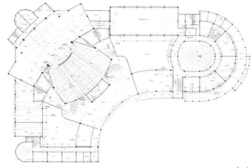

主入口层平面图

永谦学生活动中心由旅美浙大校友汤永谦、姚文琴夫妇捐资建造，平面大体呈 L 形，主要由剧场、学生活动室和室外广场三部分组成。剧场有 960 座，可用于会议、电影放映、演出，还包括琴房、排练房等。

鸟瞰

该项目的建筑设计熟练运用了多种弧线的组合，将一系列标高颇为复杂的空间有机地结合在一起，同时设计也非常注重内部空间和外部空间的相互渗透，使得建筑与地景互为图底，水乳交融。建成后的永谦学生活动中心是玉泉校区最具活力的建筑之一。设计者为浙江大学建筑设计研究院吕子正等。

室内弧形楼梯

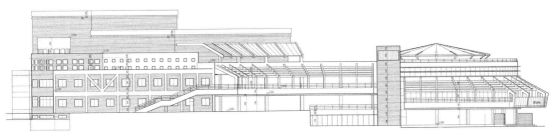

汤永谦先生祖籍浙江鄞县，美国华人实业家。1940年毕业于国立浙江大学化学工程系，1945年赴美国留学，先后获得美国匹兹堡大学硕士学位和哥伦比亚大学博士学位。1949年，就职于美国标准包装材料公司，并从事相关研究工作。1967年，创立特克里公司，并担任公司总裁。2013年在杭州因病去世，享年95岁。

剧场主入口

1997年，曾于30年代在浙大教育系学习过的姚文琴女士返校参加浙江大学百年校庆，这位曾经的抗战时期遵义剧团的校园戏剧明星，回到学校的第一句话就是："现在的学生们有没有地方演话剧？"随后，汤永谦、姚文琴夫妇先后捐建了永谦活动中心和文琴艺术团。

室外广场

67

# 文化景观小品

## bg 树

　　bg 树即报告树，是指玉泉校区大校门前正中间的那棵大雪松。浙大学子考试结束、写完论文、做完毕设、听完讲座、饭局之前、集合众人、约会碰面……无不先"报告"一声，久而久之，"报告"一词就转意成请客的意思，bg 树就成了最好的集结地点。

bg 树鸟瞰

　　80 年代以前，玉泉校区校园前区正中间没有校门，是一片绿化带，其中有一大排雪松。为建设新校门必须移走这排雪松。正中间有棵特别大的雪松迁移难度最大，而且不一定保活，一时进退两难。时任校党委副书记张浚生每天经过此地，都要看上两眼大雪松，觉得校门口有这棵树作为屏风也是不错的选择，而且不必担心"树挪死"。后来，张书记又陪同时任校党委书记刘丹每天下班后去看。之后，大雪松的命运就此敲定：扎根校门，永不分离。至于 bg 树之说应该是 21 世纪以后的事了。

bg 树近景

**求是书院界碑**

　　1992 年，杭州市上城区大学路进行城市改造，在求是书院原址附近挖掘出土求是书院界碑，同年 4 月，界碑被移交浙江大学保存，为永识校史遂立求是书院界碑于玉泉校区教十一前草坪内。设计者罗卿平。

求是书院界碑

**国旗杆**

　　国旗杆建于 1982 年 85 周年校庆时，位于教学组团中轴线大草坪东端。国旗杆往往会成为地标，在浙大也不例外。玉泉校区的国旗杆是当年即将毕业的浙大学子每人捐赠 0.5 元集资建造的。关于旗杆底部基座正面应该刻怎样的文字曾有过一番讨论，最终刻下四个字——祖国万岁。

国旗杆基座

国旗杆

# 文化景观小品

## 毛主席塑像

毛主席塑像建于1969年，位于教学组团中轴线的中点。塑像高18.93米，总体重量约300吨，由浙江美术学院（现中国美术学院）雕塑系教师创作。"文革"期间，几乎所有有条件的单位都会立毛主席塑像，可以说是遍地开花，但如今能保留下来的已是凤毛麟角，浙大这尊是现存毛主席塑像中比例、尺度、形态、神韵最好的一座。

毛主席塑像

## 竺可桢铜像

　　竺可桢铜像于1987年4月落成，位于教学组团中轴线西端。铜像身高3.2米，净重2.5吨，由浙江美术学院（现中国美术学院）雕塑系应真华教授创作。竺可桢是浙大历史上任职时间最长的一位校长，在抗日战争那段艰苦卓绝的历史时期为保存中华民族文化血脉，带领浙大师生西迁办学。不仅顽强地生存下来，并且奇迹般地创造了浙大的一段辉煌历史。竺可桢铜像以写实的手法完美再现了老校长的大家风范，现已是浙大学子毕业留影的必选之景。

竺可桢铜像

# 文化景观小品

## 费巩亭

费巩亭位于教七前下沉小广场，正方形，平屋顶，现代建筑造型。柱身悬挂有原校党委书记张浚生撰写的楹联："肝胆照日月奇冤难雪，风范沐桃李浩气长存"。1997 年百年校庆时，为纪念原浙江大学训导长、政治经济学教授费巩烈士，由费巩女儿费莹如女士等捐资修建。2005 年亭内新增费巩铜像。设计者为罗卿平。

费巩亭近景

费巩任教于浙大西迁时期，因针砭时弊为当时政府所不容，于 1945 年 3 月遭绑架而失踪。后经多方呼吁和营救未果，被害于重庆中美合作所。

费巩亭远景

## 夏公亭

夏公亭位于邵逸夫体育馆南侧绿化带中，正方形平面，十字形坡屋顶，仿木构造型。柱身悬挂有夏衍先生生前挚友，中国佛教协会前会长、西泠印社前社长、著名社会活动家赵朴初先生撰写的楹联："愿听逆耳之言不作违心之论，是乃立身之道长为砭世之箴"。1997年百年校庆时，夏公亭由浙大校友会筹资建造。设计者为罗卿平。

夏衍先生是浙大著名校友，曾求学于浙江省立甲种工业学校（浙江大学前身）。夏衍先生也是中国新文化运动的先驱者，我国著名作家，中国电影理论与创作的奠基人之一。

夏公亭

# 文化景观小品

### 工业雕塑《源泉》

工业雕塑《源泉》位于图书馆东南角，教六西侧。工业雕塑"源泉"原来是一台抽油机，俗称磕头机。为纪念 1990 年浙大科技成果——轻烃回收技术在胜利油田开发成功，当年由胜利油田管理局赠送。

工业雕塑《源泉》

### 抽象雕塑《无穷大》

欧阳纯美科学楼旁的绿化带中有一个充满动感的不锈钢抽象雕塑，其造型取材于数学符号"$\infty$"（无穷大），寓意学海无涯、学无止境。

抽象雕塑《无穷大》正面

## 抽象雕塑《母与子》

玉泉校区食堂怡膳堂与靓园之间的道路中央绿化带中有一个造型简约的抽象雕塑，其构思源自人类胚胎，故名"母与子"。

抽象雕塑《母与子》正面

## 抽象雕塑《团结、向上》

《团结、向上》雕塑位于玉泉校区图书馆前左右两侧喷水池中，分别由 C60 结构模型和 DNA 双螺旋分子结构模型构成雕塑主体，象征团结向上的精神风貌。设计者为浙大建筑系师生。

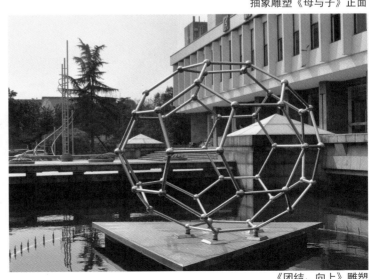

《团结、向上》雕塑

# 文化景观小品

## 三碑园

三碑园位于玉泉校区图书馆东北侧，教五与教七之间的绿化带中。小小的景观庭园内布置有三座纪念碑，分别是：黑白文艺社暨何友谅烈士纪念碑、浙大合唱团纪念碑和余姚市人民政府捐建的浙大校园广播电视网纪念碑。

三碑园

## 石雕墙《西迁之路》

《西迁之路》石雕墙坐落在三舍与四舍之间的道路中央绿化带，面向东面的新桥门。1997 年百年校庆时，由遵义市湄潭县人民政府捐建。石雕墙以浅浮雕的形式艺术化地表现了抗战时期浙江大学西迁办学历史。设计者为傅东黎。

石雕墙《西迁之路》

**未名小亭**

　　教二与教四之间有一座不知其名的小亭子，平面呈正方形，圆柱四角攒尖顶，宝顶为和平鸽，灰色机平瓦，有吊平顶无装饰，四周有简单挂落，整体造型朴实无华。此亭建于50年代，因当时学校尚无电铃，故亭内置有一钟，上下课皆以钟声为号。

未名小亭

**求是碑**

　　1997年百年校庆之际，求是碑建成于曹光彪高科技大楼前广场，碑体由三鼎一琮组成，琮取自良渚玉琮的造型，寓意高礼享先贤，鼎由学位帽变形而来，取意学硕博三英及知识传承。

求是碑

# 3 西溪校区

## 校区总览

　　浙江大学西溪校区地处杭州黄龙商务圈，南北两个校园隔文三路相望，是浙江大学现有校区中与城市经济中心关系最为密切、城市配套设施最为完善的校区。

　　1955年，浙江师范学院开始在杭州市松木场新辟校址，建造校舍，位置就在现西溪校区的南校园。

　　1958年上半年，中共浙江省委决定筹办杭州大学，校址设于杭州市文三街原省委党校和省工农速成中学，即现西溪校区的北校园。

　　1958年11月2日，浙江师范学院和杭州大学正式合并，定名杭州大学。至此，

校区南北两园的总体格局基本形成。

　　1998年9月15日，由同根同源的浙江大学、杭州大学、浙江农业大学和浙江医科大学四所大学合并组建的新浙江大学在杭州宣告成立，杭州大学成为新浙江大学的西溪校区。

校区鸟瞰

## 建设历程

从 1959 年的杭州大学总平面图看，当时的西溪校区南校园已建成建筑 12 幢，建筑面积 3 万余平方米，包括教学楼、宿舍、食堂等；另尚有待建建筑 14 幢，包括图书馆、行政楼等。此时的南校园有完整的规划，呈现南北向双中轴线的总体空间格局和院落式的建筑布局，与玉泉校区大体一致。此后的 20 年间，各个建筑单体逐步建成，校园规划的核心理念得到了完整的体现。

自 20 世纪 80 年代始，西溪校区进入了建设大发展时期，新化学楼、旅游楼、田径馆、心理系教学大楼、学生二食堂、邵逸夫科教馆、教学主楼、田家炳书院相继落成。1997 年的统计资料显示，西溪校区占地 738 亩，已建建筑 117 幢，总建筑面

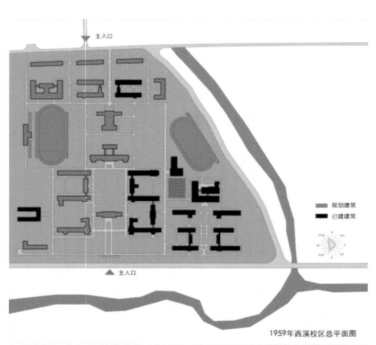

1959年西溪校区总平面图

1999年西溪校区总平面图

西溪校区南校园总平面图（1959 年）

积达 30 多万平方米。随着使用空间渐趋饱和，旧建筑开始加层、拆建，新建筑则层数更高、体量更大。到 20 世纪末，整个西溪校区的建筑已非常密集，虽然南校园原规划中的南北双中轴线的总体空间格局得以保留，但院落式的建筑布局则逐渐消失。

进入 21 世纪后，西溪校区的校园建设步入了整合期。历史建筑的修缮保护、旧建筑的改造更新、校园空间的重新整合，无不顺应时代，体现对既有建筑和空间的尊重，就连新建建筑也更为重视建筑体量的消减和外部空间的组织。遗憾的是，南校园原南北双中轴线中的副轴线已不复存在。

2009年西溪校区总平面图

西溪校区总平面图（1999 年）

西溪校区总平面图（2009 年）

# 图书馆

南楼
建成年份：1965 年
建筑面积：4818 平方米
建筑层数：9 层

北楼
建成年份：1987 年
建筑面积：10717 平方米
建筑层数：10 层

连接体
建成年份：1990 年
建筑面积：843 平方米
建筑层数：2 层

南楼加层
建成年份：1994 年
建筑面积：3680 平方米
建筑层数：11 层

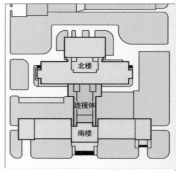

图书馆总平面图

图书馆位于西溪校区主轴线北端，为整个校区的视觉焦点和标志性建筑。

西溪校区图书馆的建设前后历经 30 年方形成目前的格局和规模。其中南楼的建设最早，由浙江省工业设计院设计，于 1965 年落成。从当时的设计图纸来看，南楼采用的是简洁朴素的现代建筑风格，平屋顶，主楼居中，九层高，东西两翼三层高，建筑造型对称、稳重。1994 年，因使用需要，南楼进行了加层和立面改造。改造后的南楼增加了中国传统建筑的风味，立面形式与同时期建造的田家炳书院协调一致，白色的面砖墙面，深褐色的外窗，蓝绿色的琉璃瓦坡屋面，试图以一种简约的方式传递中国传统文化的气息。

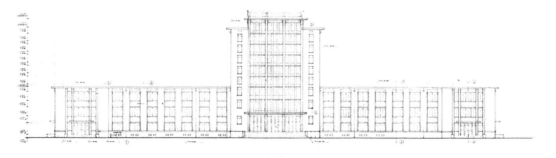

图书馆南楼设计图：南立面（1964 年）

面向校园中轴线的图书馆南立面

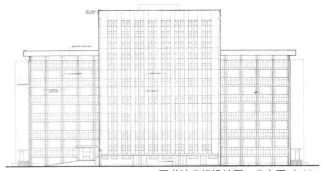

图书馆北楼设计图：北立面（1984 年）

1987 年，由浙江省建筑设计院设计的图书馆北楼落成。在延续南楼简洁朴素建筑风格的基础上，北楼在东西两侧立面采用了预制混凝土装饰块，使得建筑在细节上显得更为生动。

1990 年，在图书馆南北两楼之间加建了二层高的连接体，底层为图书目录厅，二层为报告厅。连接体的面积、体量不大，但很好地将两幢主楼连接成了一个有机整体。

图书馆北楼西立面

图书馆南北楼连接体

图书馆鸟瞰

西溪校区图书馆现有图书、报刊库 17 个，阅览室 10 个，专业研究室 5 个，阅览座位 800 余个。经过几代人的辛勤努力和近百年的发展积累，图书馆的藏书量已达 146 万册，其中线装书 12 万册，外文图书近 20 万册，中外文合订本报刊 23.8 万余册，另有一批学术价值较高的微缩胶片和电子出版物，形成文理兼收、文史哲文献和基础学科文献收藏较为丰富的藏书特色。

位于图书馆五层的古籍阅览室

位于图书馆六层的宋学研究中心

# 历史建筑

2005 年 7 月，杭州市人民政府公布了第二批历史建筑保护名单，其中就包括了"浙江大学西溪校区建筑群（编号 LSJZ2-30）"和"浙江大学西溪校区生命科学院建筑群（编号 LSJZ2-31）"；2008 年 8 月，"杭大新村建筑群（编号 LSJZ4-31）"也被列入杭州市第四批历史建筑保护名单。

## 浙江大学西溪校区建筑群

浙江大学西溪校区建筑群包括西二教学楼、西三教学楼、东二教学楼和教工宿舍 7、8 两幢，这些建筑均建成于 20 世纪 50 年代末至 60 年代初，建筑风格统一，是新中国成立初期建造的优秀教育类建筑。半个多世纪以来，浙江大学西溪校区建筑群经陆续修缮，继续发挥着重要作用，成为杭州高校教育设施的实物见证，弥足珍贵。

历史建筑（浙江大学西溪校区建筑群）标牌及方位图

## 浙江大学西溪校区生命科学院建筑群

浙江大学西溪校区生命科学院位于西溪校区北园，在1958–1998年为原杭州大学生物系，校园内植物、花卉品种繁多，是一处难得的闹中取静、环境幽雅之地，也是师生们学习、科研的理想场所。建于20世纪50年代的行政教学楼和教工宿舍，采用中西合璧的三段式建筑风格，歇山屋顶、清水砖墙、木制门窗，厚实稳重，如一位长者，用建筑的语言，讲述着杭州近现代的历史与故事，讲述着西湖文教区的前世和今生，讲述着浙江教育的过去和现在。

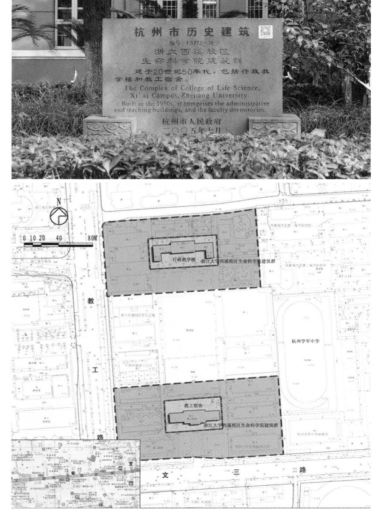

历史建筑（浙江大学西溪校区生命科学院建筑群）标牌及方位图

# 西二教学楼

建成年份：1960 年
建筑面积：6082 平方米
建筑层数：3 层，局部 4 层
结构类型：砖混

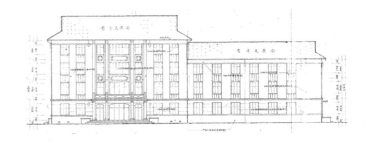

西二教学楼设计图：东立面（1959 年）

西二教学楼，亦称化学楼，由浙江省工业设计院设计，竣工于 1960 年，当时总投资额为 33.8 万元。西二教学楼为砖混结构，主体三层，局部四层；建筑平面为 L 形，主要沿东西向展开；建筑风格在现代中式的基础上融入西式建筑的细节；建筑立面呈三段式，屋顶采用歇山顶，覆青平瓦。目前，西二教学楼为教育学院体育学系、体育科学与技术研究所、浙大维果茨基研究中心等部门使用。

西二教学楼主入口

西二教学楼鸟瞰

西二教学楼设计图：南立面（1959 年）

西二教学楼南立面

树荫下的西二教学楼

# 西三教学楼

建成年份：1960 年
建筑面积：7146 平方米
建筑层数：3 层，局部 4 层
结构类型：砖混

扩建年份：1978 年
建筑面积：239 平方米
建筑层数：2 层
结构类型：砖混

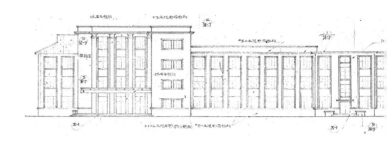

西三教学楼设计图：东立面局部（1959 年）

西三教学楼，亦称物理楼，由浙江省工业设计院设计，竣工于 1960 年，当时总投资额为 36.7 万元。西三教学楼为砖混结构，主体三层，局部四层；建筑平面为 L 形，主要沿东西向展开；建筑风格与西二教学楼相近，但更为简约朴素；建筑立面以黄灰两色为主色调，辅以赭红色门窗，屋顶部分为平屋顶挑檐，部分采用坡屋顶。1978 年，西三教学楼进行了扩建，增加 239 平方米建筑面积。

西三教学楼主入口

西三教学楼鸟瞰

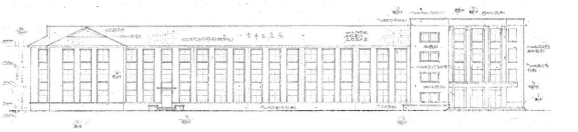

西三教学楼设计图：南立面（1959 年）

西三教学楼建筑细部

西三教学楼南侧的窗亭

# 东二教学楼

建成年份：1958 年
建筑面积：4415 平方米
建筑层数：3 层，局部 4 层
结构类型：砖混

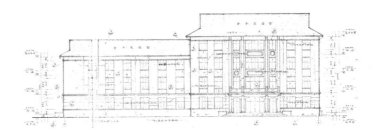

东二教学楼设计图：西立面（1957 年）

东二教学楼，亦称地理楼，由浙江省城市设计院设计，竣工于 1958 年，当时总投资额 24.2 万元。东二教学楼与西二教学楼沿校区主轴线对称布局，从设计图纸来看，两者无论是平面形态还是立面样式都几乎一模一样，唯一的区别是，在东二教学楼的北侧还同期建设了一幢被称为"东横"的三层建筑，与东二教学楼以敞廊相连。2010—2012 年，东二教学楼进行了整体修缮，成为浙江大学建筑设计研究院有限公司的办公场所。

东二教学楼鸟瞰（2002 年）

东二教学楼设计图：南立面（1957年）

【回忆】地理系大楼就在学校大门东侧，外墙下部暗红色，上部乳黄色，楼前是草坪，隔着围墙就是马路，我们在楼里可以毫无阻挡地眺望宝石山和保俶塔。

——周黔生（1962届，地理系）

修缮后的东二教学楼主入口

东二教学楼外墙色彩

# 教工宿舍
## 7幢、8幢

建成年份：1957年
建筑面积：6103平方米
建筑层数：3层
结构类型：砖混

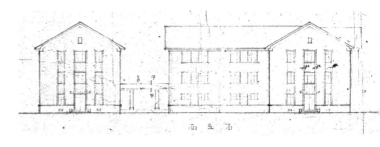

教工宿舍7幢、8幢设计图：西立面（1956年）

　　教工宿舍7幢、8幢由浙江省工业设计院设计，竣工于1959年，当时总投资额为27.3万元。教工宿舍7幢、8幢为砖混结构，高三层；建筑平面为规则的长条形，东西向中走道，走道两侧为南北朝向的房间；建筑立面朴素端庄，青砖墙面，悬山双坡顶。建成以来，教工宿舍7幢、8幢经多次内部装修，但格局仍保持原样。

教工宿舍7幢主入口

教工宿舍8幢南立面

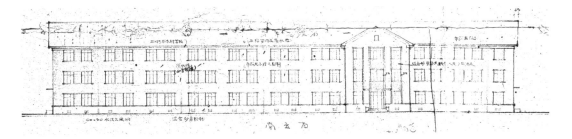

教工宿舍 7 幢、8 幢设计图：南立面（1956 年）

教工宿舍 8 幢山墙

# 生命科学院教工宿舍

建成年份：1955 年
建筑面积：2338 平方米
建筑层数：3 层
结构类型：砖混

　　生命科学院教工宿舍建于 1955 年，高三层，中西合璧的建筑风格至今保存完好，目前仍作为教师公寓使用。

生命科学院教工宿舍南立面

生命科学院教工宿舍建筑细部

# 生命科学院行政教学楼

建成年份：1956 年
建筑面积：4112 平方米
建筑层数：4 层
结构类型：砖混

　　生命科学院行政教学楼建于 1956 年，高四层，目前作为浙江大学建筑设计研究院有限公司分院办公使用。

生命科学院行政教学楼南立面

生命科学院行政教学楼主入口

# 逸夫科教馆

建成年份：1994 年
建筑面积：5917 平方米
建筑层数：4 层
结构类型：框架

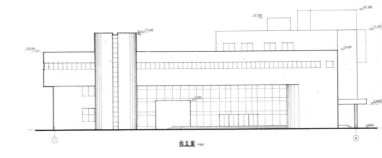

逸夫科教馆竣工图：西立面（1994 年）

逸夫科教馆由浙江省建筑设计研究院设计，建筑面积5900 平方米，内建有学术交流中心，有 325 座的学术报告厅及大小会议室、多功能厅、展览厅等；建有电教中心，拥有导播室、配音室、演播室、视听教室、语言实验室等。

逸夫科教馆西立面

《逸夫科教馆碑记》
　　邵逸夫先生造福桑梓，热心祖国教育事业，捐资五百万港元，建造杭州大学逸夫科教馆，建筑面积五千九百平方米，于一九九一年五月开工，一九九四年十一月竣工。
　　为感谢邵逸夫先生的深情厚意，特铭文永志纪念。

　　　　　　　　杭州大学
　　　　　　一九九四年十一月

逸夫科教馆中庭

# 教学主楼

建成年份：1998 年
建筑面积：20637 平方米
建筑层数：12 层
结构类型：框架

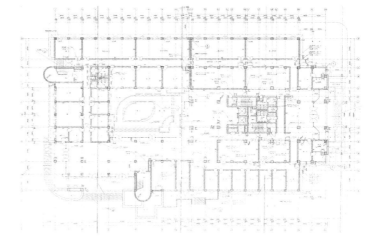

教学主楼竣工图：一层平面（1997 年）

　　教学主楼于 1998 年 8 月竣工，建筑面积 20637 平方米，投入资金 4938 万元人民币，由浙江省建筑设计院设计，浙江省第三建筑工程公司建造。教学主楼是西溪校区内除图书馆外体量最大的建筑，外立面白色面砖与蓝绿色幕墙玻璃相间，为现代建筑风格。

教学主楼西南立面

教学主楼与大草坪

# 田家炳书院

建成年份：1999 年
建筑面积：11584 平方米
建筑层数：8 层
结构类型：框架

《田家炳书院记》（部分）

　　……值此改革开放、国泰民安，科教斯兴，承蒙香港爱国人士田家炳先生慨然捐资八百万元人民币，襄建书院。一九九七年百年校庆之日奠基，一九九九年落成。书院位于本校西溪校区，主楼高八层，一万二千平方米，画栋飞云，层檐耸翠，端庄古朴，典雅明丽，融民族风格与现代气派于一体。书院之兴建，将以兼容并包为方针，以化育人才为指归，切磋学术，砥砺德行，敬爱师友，激扬精神，诚为莘莘学子进德修业之宇也。田家炳先生籍广东大埔，家学渊源，书香世第，赤子丹心，志存高远。先生多年来斥资数亿人民币，兴办与资助教育、文化、科技、慈善事业。先生之举，乃一腔爱国热忱使然。重教兴学，百年大业；敦品励行，作人为先。先生铭标星座，功在后世，履仁积德，泽被神州。我校为彰盛德，特将田先生令名颜诸书院。以期楷模当代，策励来兹。

　　是为记。

浙江大学谨立<br>一九九九年春

绿树掩映中的田家炳书院

田家炳书院西立面

# 艺术楼

建成年份：2002 年
建筑面积：12000 平方米
建筑层数：8 层
结构类型：框架

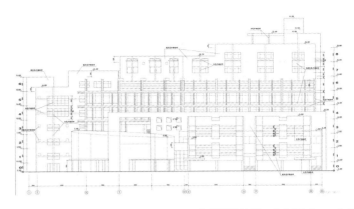

艺术楼设计图：南立面（2000 年）

1999 年，四校合并后的浙江大学决定利用邵氏基金在西溪校区原健身房、游泳池、总务处及运动场的原址上建设浙江大学西溪校区艺术楼及体育训练馆。艺术楼的设计理念为：丰富西溪校区原有的建筑格局，主要是室外空间尺度的调整与校区内建筑体量的均衡；寻求一种能够适应环境、建筑尺度的建筑语汇与建筑色彩，修正校区建筑立面的单调与简陋。建成后的艺术楼由多幢既相对独立又联系紧密的建筑单体组成，功能上包含了多功能厅、艺术中心、活动中心、琴房以及校档案馆。

艺术楼鸟瞰

【回忆】在西溪校区艺术楼的设计过程中，时任校长潘云鹤先生基于我们的中标方案又亲自提出了更加新的要求：努力在西溪校区追求历史上的"书院"氛围，创造出一些可以让人停留的有更强烈领域感的空间；在情况允许时，应该节约用地，给学校的发展留有一定的余地。
——王健（艺术楼设计者）

浙江大学档案馆

# UAD 大楼（原东一教学楼）

建成年份：1983 年
改造年份：2010-2012 年
建筑面积：7150 平方米
建筑层数：6 层，局部 5 层
结构类型：砖混

原东一教学楼（2002）

东一教学楼落成于 1983 年 2 月，建筑面积 6946 平方米，由浙江省建筑设计院设计。建筑分南北两部分，南侧六层，平面布局为中走道两侧教室；北侧五层，为阶梯教室。

2008 年，根据学校对各校区功能布局的调整，决定将浙江大学建筑设计研究院由玉泉校区迁至西溪校区，改造东一、东二教学楼作为办公及科研用房。东一教学楼的改造工程于 2010 年 8 月开始施工，2012 年 12 月正式完工。

UAD 大楼正立面

东一教学楼改造主要包括建筑、结构和设备三个方面。建筑改造首先解决的是由教学到科研办公的功能置换问题，其次是利用可调节外遮阳、可移动遮阳百叶、点支式玻璃隔墙等技术措施改善建筑室内的热环境、光环境和声环境，并大大加强建筑物的节能效果。结构改造则针对原有建筑的结构老化现象及新功能的荷载要求，依据现行规范，进行了整体

UAD 大楼入口

加固。设备改造中新增了采暖空调系统，并对原有的给排水系统、电气系统、弱电系统等设备的性能进行了大幅提升。此外，在东一教学楼的改造中还大量采用了绿色建筑技术，如：地源热泵系统、雨水收集系统、太阳能光热系统、太阳能光伏系统、光导管系统等。

　　焕然一新的东一教学楼，因浙江大学建筑设计研究院有限公司的英文缩写，亦被称为 UAD 大楼。

环境优美的 UAD 大楼庭院

UAD 大楼建筑细部

# 校区景观

### 《世纪之光》雕塑

　　《世纪之光》雕塑落成于 1997 年 5 月 3 日，位于西溪校区南园中轴线，是百年校庆的标志物。雕塑主体由数字"100"组成，上半部分像一本打开的书，又似一只展翅飞翔的鹰，象征着浙江大学以建校 100 周年为新的起点，奋发进取，迈向新世纪的新征程。

世纪之光雕塑

### 法碑

　　法碑位于西溪校区田家炳书院西侧草坪，落成于 2000 年 12 月，由法学院 1945 级、1980 级学生为法学院建院 55 周年暨恢复法学教育 20 周年而建。

法碑

## 怀葛亭

怀葛亭位于西溪校区化学楼前，为纪念我国早期化学家、东晋著名道教人物葛洪而建。亭前一池碧水被称为"小西湖"，亭旁假山掩映，翠竹依绕。

怀葛亭

## 育英亭

育英亭位于西溪校区西三、西四教学楼之间。亭身结构简洁，以混凝土模拟竹之形态。亭边环境幽静，是师生读书小憩的理想场所。

育英亭

# 4 华家池校区

## 校区总览

　　浙江大学华家池校区位于杭州市老城区东部、钱塘江北岸，肇基于 1934 年，因之江校区前身为教会学校之江大学，故以浙大校史论，在现有几个校区中，以华家池校区历史最为悠久，具有独特的地位与历史价值。抗战时师生西迁，校舍俱废，1946 年复建，西斋及神农、嫘祖三馆至今仍在。2005 年，校区内共有 9 组建筑被杭州市政府正式命名为历史保护建筑。2017 年 2 月，该建筑群入选浙江省人民政府发文公布的第七批省级文物保护单位名单。

　　华家池风景优美，人称

"小西湖"。环湖仿苏堤间种柳桃，下植高丽芝草。湖中一廊飞架，紫藤密绕成荫。湖东北角有一岛赴水，名曰"和平岛"，上有亭榭。湖东南聚小山一座，密植乔木，林中立于子三烈士纪念碑，供师生凭吊。湖西北有植物园，为1934年随农学院从笕桥迁入，其前身由钟观光先生创办于1924年，是中国最早的西式植物园。经过学校师生数十年的不懈建设，形成了今天美丽的华家池校区。校区用地1436亩，总建筑面积344034.66平方米，大小建筑达106栋。

校区鸟瞰

## 校园史略

　　华家池校区的前身第三中山大学农学院原在笕桥，后政府征用该处创建航空学校及飞机场，农学院决定迁至华家池，由当局拨款建造新校舍及农场等，于1934年4月迁入新址。

　　1937年以前的华家池校园建设，主要在池北，有教学大楼一座及大温室等建筑物。艰苦的抗日战争期间，农学院随校西迁，坚持教研，弦歌不辍。抗战胜利后，农学院于1946年迁回华家池。由于上述建筑物全被毁坏，遂另于池南新建品字形的后稷、神农、嫘祖三馆，及附属的温室、西斋、学生宿舍

等建筑，在战后艰难的条件下，恢复教学和科研。新中国成立后至今，经过数十年的建设，形成现有的校园风貌和规模。

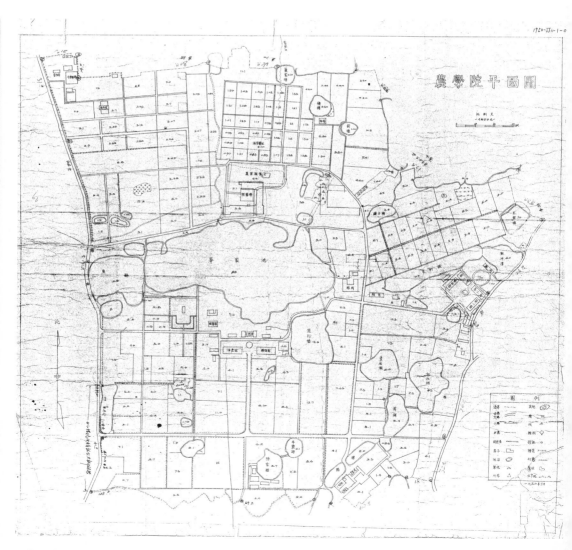

农学院平面图（1950年）

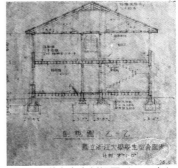

华家池校区鸟瞰（1934年）　　　　　　　学生宿舍剖视图（1946年）

华家池校区平面图（2016年）

## 校园特色之农耕文化

华家池校区有三栋历史建筑，分别名为后稷、神农和嫘祖，代表了中华民族绵延五千年的农耕文化。后稷和神农是黄河和长江流域历史悠久的农耕创始之神，嫘祖则是传说中神农之妃、蚕桑技术的发明者。农桑代表衣食之本，所以三馆含有深刻的农耕文明承先启后、绵绵不绝的寓意。

中华民族的重农传统，体现在历代王朝都有隆重的籍田典礼。现今华家池校区南面，景芳亭之西，即省农业厅所在地，是清朝雍正四年（1726）钱塘县及仁和县（都属于杭州市）的先农坛籍田之处。几百年后的今天，原坛址已为后起的建筑物所掩盖，但籍田原址及其周边分布着华家池校区、浙江省农业厅、浙江省林业厅等各类与农业相关的机构，农耕文化在这里以另一种形式得到延续，同时也成为华家池校区的校园特色之一。

农学院温室（1936 年）

农学院畜牧场（1934 年）

农学院园艺试验场（1934 年）

# 校园特色之园林文化

明嘉靖《仁和县志》载："华家池，大百亩。洪武（公元1368-1398）初，艮山门外富民华兴祖构筑亭榭其上，周植奇花异草。"此为华家池园林最早的记载。浙大农学院迁入后不断经营，在池东北角延伸建小岛，在池边建亭、台、假山和建筑，沿池仿苏堤相间种植柳树桃花，与池西之东滩间筑堤建长廊，华家池逐渐变得美丽宜人，始有"小西湖"之称。

另外，浙江大学农学院创立伊始建成了全国最早的西式植物园，1934年植物园随农学院从笕桥迁入华家池。华家池东北部是实验农田，与植物园及池周景物组成一个花园式的校园。

时至今日，华家池校区外已是高楼林立，而校区内则独享着一份喧嚣都市中的自在幽静，形成了富有浙大特色的园林文化。

华家池和平岛

# 历史建筑

2005 年 7 月，杭州市人民政府公布了第二批历史建筑保护名单，其中就包括了"浙大华家池校区建筑群（编号 LSJZ2-47）"。这批建筑建于 20 世纪 50 年代，包括东、西教学楼，团结馆，和平馆，民主馆，蚕桑馆和小二楼别墅群。另外，未列入该名单的西斋、神农馆（这两栋建筑在杭州市公布第六批历史建筑保护名单时补充列入第二批名单）和嫘祖馆建于 20 世纪 40 年代，是抗战胜利浙大西迁回杭后建造的第一批校舍。

尽管这些建筑目前的功能已经与建造时有很大不同，外貌上也经过了一定的修缮，但仍很好地反映了新中国成立初期我国大学校园的建造状况。

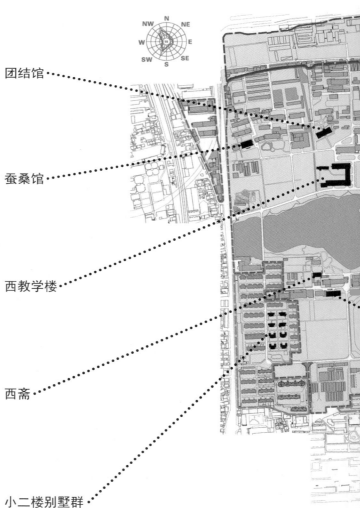

团结馆

蚕桑馆

西教学楼

西斋

小二楼别墅群

华家池历史建筑碑文

民主馆

和平馆

东教学楼

嫘祖馆

神农馆

华家池校区历史建筑位置示意图

# 神农馆

建成年份：1947 年
建筑面积：1150 平方米
建筑层数：2 层
结构类型：砖木

华家池校区总平面图局部（1950 年）

神农馆为浙大西迁回杭后建造的第一批建筑之一，与后稷馆和嫘祖馆同时建造，名称取"不忘以农为本"之意，因中国古代有神农教民耕作、后稷教民稼穑、嫘祖教民育蚕之传说。三幢楼总体布局呈"品"字形，神农馆居于西南角，与嫘祖馆在布局、造型和内部空间上都是完全对称的。

神农馆是农学八个系的最初办公地，后改为幼儿园，现为校内招待所。

建筑为砖木结构，四坡青平瓦屋顶，灰色清水砖墙，水泥勒脚，玻璃木窗。其形式受到新中国成立后苏式建筑影响，颇具时代特征。有意思的是，随着时代变迁，该建筑的外立面材料经历了清水砖墙—涂料—面砖—清水砖墙的一个循环。其主入口也因南侧运动场的建设从南向转为北向，且形式上也从简单的无雨篷到曲面雨篷最后回到朴素大方的清水混凝土雨篷。

主入口（2016 年）

主入口（2009 年）

主入口（2001 年）

# 嫘祖馆

建成年份：1947 年
建筑面积：1150 平方米
建筑层数：2 层
结构类型：砖木

神农馆、后稷馆、嫘祖馆（1947 年）

嫘祖馆为浙大西迁回杭后建造的第一批建筑之一，居于神农馆、后稷馆、嫘祖馆形成的"品"字形结构的东南角，与神农馆在布局、造型和内部空间上完全对称。

南立面

嫘祖馆以蚕桑祖先命名，初为蚕桑馆、植保系、农经系所在地，1952 年以后茶叶系入驻，现为校内招待所。

西入口

建筑为砖木结构，四坡青平瓦屋顶，灰色清水砖墙，水泥勒脚，玻璃木窗。其形式受到新中国成立后苏式建筑影响，颇具时代特征。

北入口

# 西斋

建成年份：20 世纪 40 年代
建筑面积：500 平方米
建筑层数：2 层
结构类型：砖木

存档图：平面（1957 年）

　　西斋为浙大西迁回杭后建造的第一批建筑之一，建造时功能为图书馆，曾经作过留学生楼、幼儿园、教师宿舍等，现在一楼为水电服务部，二楼是离退休教师活动室。建筑为砖木结构，四坡青平瓦歇山屋顶，灰色清水砖墙，水泥勒脚，玻璃木窗。其形式受到新中国成立后苏式建筑影响，颇具时代特征。

东北侧全景

　　建筑入口雨篷由砖墙支撑，同时形成朝东的阳台，与室内以绿色木格子落地玻璃门相隔，水泥护栏简洁大方。小尺度的入口比例协调，材料配比沉稳而不乏生趣，处理很是得当。

东立面

# 后稷馆

建成年份：1983 年
建筑面积：3300 平方米
建筑层数：5 层
结构类型：砖混

原后稷馆存档图：立面（1957 年）

原后稷馆与神农馆、嫘祖馆同时于 1947 年建成，三幢楼总体布局呈"品"字形，后稷馆居中，该楼于 20 世纪 70 年代拆除。1983 年在原址新建留学生宿舍，现为校内宾馆。

北立面

新馆为砖混结构，五层平屋顶。建成时立面材料为干粘石，改建为宾馆时材料改为面砖，同时利用灰色面砖和凸出的竖向片墙强调建筑的竖向线条。这种做法减小了建筑的体量感，削弱了对品字形布局中南侧两栋楼的压迫感，而面砖的使用也起到了类似的协调作用。设计单位为浙江省建筑设计院。

东南侧近景

# 西教学楼

建成年份：1956 年
建筑面积：7395 平方米
建筑层数：3 层，局部 4 层
结构类型：木屋架砖混结构

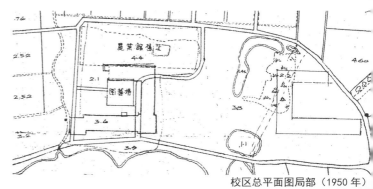

校区总平面图局部（1950 年）

西教学楼，亦称西大楼，1956 年建成，设计功能为实验楼，1957 年更名为第一教学大楼。该楼紧邻原农业馆旧址，与东教学楼共同奠定了战后重建校区南北中轴线的基础。建筑主体三层，局部四层；建筑平面为 U 形，主要面沿东西向展开；中式大屋顶，覆青平瓦。建筑有着很强的西方新古典主义风格，同时又在细节上加入了云纹等中国风。

西教学楼保存完好，只是外立面在维护保养的过程中进行了粉刷。因此现在观其楼仍可以想见当时建造条件之艰辛：中式大屋顶并未采用常见的歇山顶而是更容易设计建造的普通四坡顶做法，屋角的起翘处理也十分简单。然而，建筑师仍通过局部的处理让形态更加生动、富有古典意蕴。比如东侧次入口一至三层的门洞和窗洞，其轮廓自下而上由繁至简、风格从古典到现代，是使用者体验距离由近及远宜人的观照。设计单位为浙江省城市建设局设计处。

东侧次入口

东立面

西教学楼设计图：东立面（1956 年）

东南角楼

教学楼群远眺

123

# 东教学楼

建成年份：1957 年
建筑面积：7388 平方米
建筑层数：3 层，局部 4 层
结构类型：木屋架砖混结构

设计图：底层平面（1956 年）

东教学楼，亦称东大楼，1957 年建成，设计功能为实验楼，1957 年更名为第二教学大楼。东大楼曾作图书馆、行政楼和医务室使用，现为校区管委会和部分系办公用房。建筑主体三层，局部四层；建筑平面为 U 形，主要面沿东西向展开；中式大屋顶，覆青平瓦。建筑有着很强的西方新古典主义风格，同时又在细节上加入了云纹等中国元素。

东教学楼保存完好，只是外立面在维护保养的过程中进行了粉刷。与西教学楼相似，建筑师努力克服新中国成立之初条件差的困难，通过尽量简单的建造形成良好的使用环境。比如东西走向最长的沿街立面处理，由东向西建筑高度分三段跌落，既强调了校园中轴线和建筑主入口，又使得面貌理性而不失浪漫。而将植物景观与建筑营造巧妙结合的做法，则充分展示了华家池校区的园林特色。设计单位是浙江省城市设计院。

东侧次入口

设计图：南立面（1956年）

西南角楼

南侧街景

# 蚕桑馆

建成年份：1954 年
建筑面积：796 平方米
建筑层数：2 层
结构类型：砖木结构

存档图：立面（1957 年）

蚕桑馆与东、西教学楼，团结馆，和平馆，民主馆及教师宿舍小二楼别墅群为同一时期建造的房屋。建筑为砖木结构，四坡屋顶红色平瓦，红色清水砖墙，水泥材质的勒脚、窗套、雨篷及女儿墙，玻璃木窗（现已改为铝合金窗框）。因蚕桑馆功能上的特殊需求，在窗下墙上有规律地布置着小型换气窗洞，再加上南侧的嫘祖塑像和前凸较多的入口，该馆的辨识度非常高。

蚕桑馆与嫘祖像

建筑一角

主立面

# 和平馆

建成年份：1953 年
建筑面积：1493 平方米
建筑层数：2 层
结构类型：砖木结构

设计图：立面（1952 年）

　　和平馆为砖木结构，四坡屋顶红色平瓦，红色清水砖墙，水泥勒脚，玻璃木窗（现已改为铝合金窗框）。因实验功能需求，窗户间布置有小型换气窗洞，但与蚕桑馆不同，其换气孔较小位置也不一样。和平馆面积比蚕桑馆大一倍，但形体上的变化并不夸张，只是在两翼略有前凸，形成中轴对称的立面形式，整体简洁、实用、大气、平和。

　　和平馆原为物理、化学等基础课试验用房和教研组办公场所，现为农药科学研究所。

主立面近景

西立面

# 团结馆

建成年份：1954 年
建筑面积：1354 平方米
建筑层数：2 层
结构类型：砖木结构

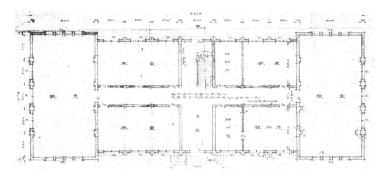

团结、民主馆设计图：平面（1952 年）

团结馆与民主馆在总图布局上呈中轴对称，分别位于西、东教学楼的北侧，在建筑上也共用一套设计图纸。建筑为砖木结构，四坡屋顶红色平瓦，红色清水砖墙，水泥勒脚。团结馆的窗套和凸出外墙的柱子为白色，与主体的红色形成强烈的对比，即使掩映在华家池浓密的树林中仍显得神采奕奕。而民主馆则保持水泥原色，与红砖墙一起记录岁月留下的痕迹。雨篷上馆名的颜色也很适合，"团结馆"为鲜艳的红色，而"民主馆"则是沉稳的黄色。

在建筑细节上，除了柱头的纹样外，入口处的墙体、雨篷和台阶的转折处都做了倒圆角的处理，包括清水砖墙。这样的处理不仅避免了形体上呆板的感觉，同时也增添了几分农学院特有的自然氛围，这种细微处下功夫的做法，也展现了当时艰苦环境下建造者乐观向上的精神世界。

团结馆正立面

民主馆入口的倒圆角特写

# 民主馆

建成年份：1953 年
建筑面积：1347 平方米
建筑层数：2 层
结构类型：砖木结构

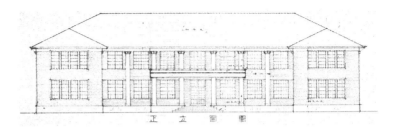

团结、民主馆设计图：立面（1952 年）

民主馆正立面

民主馆近景

# 小二楼别墅群

建成年份：1957 年
建筑面积：3145 平方米（8 幢）
建筑层数：2 层
结构类型：砖混

南立面图（1957 年）

小二楼别墅群共 8 幢 32 户，为砖墙红瓦的二层小楼。建筑单体采用红色清水砖墙、坡屋顶的外观形式，西方传统的砖石承重和木屋盖相结合的结构体系。建筑外形仿新中国成立前的苏式建筑，代表新中国成立初期高级住宅的形象，具有鲜明的时代特征和历史、艺术价值。别墅群有局部加建，但仍基本延续建成初期的模样，并未造成风貌的脱节。

别墅主入口设置在东西两侧，使得底层朝南房间不会被入户交通破坏而获得完整的使用空间。当然这样的处理会让正立面的形态看上去略显笨拙，这也算是一种用空间换造型的策略。而从整体来看，8 幢别墅南北向排成两列，中间道路两侧的山墙面形态显得与众不同的丰富，穿行其中更能体验校园群体环境带来的美妙感受。

别墅全景

别墅群

# 教学楼

建成年份：1991 年
建筑面积：10000 平方米
建筑层数：6 层
结构类型：钢筋混凝土框架

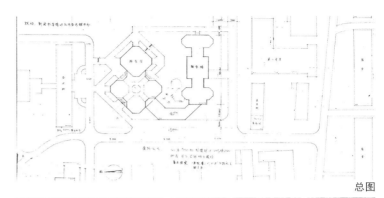

总图

教学楼的设计反映了当时国内盛行的"几何构图风"，总体布局以八边形为母题进行体块组合，围绕出中心的一片水院。与同时期玉泉校区所建的教学楼（教七、教八、教九、教十）相比，该教学楼在布局和造型上更显活泼，与西侧的华家池自然景观相映成趣，也反映了校区的特色园林文化。设计单位为浙江省建筑设计院。

主入口

门厅看水院

南侧一角

水院

131

# 教育中心科研楼

建成年份：1980 年
建筑面积：28000 平方米
建筑层数：6 层
结构类型：钢筋混凝土框架

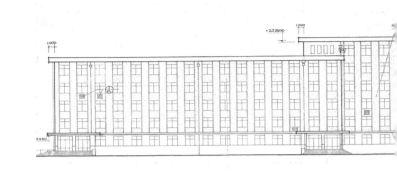

教育中心科研楼位于学校南北轴的中心，与东、西教学大楼共同围合出一片巨大的草地空间——求是广场。该楼由东、西、南、北四栋楼组合而成，前三者横向连接形成长达190米的主立面，在当时国内比较少见。大楼的建筑体量在整个华家池校区里是最大的，其建筑面貌却是最朴实的。平屋顶的檐口没有任何线脚处理，只是刷白，但凭借着横向展开的长度，随着东、西楼的降层与前凸以及局部七层的处理，檐口水平线不断重复又富有节奏变化，强化了求是广场背景的水平向延伸感。设计单位是浙江省工业设计院。

求是广场景物以前方升旗台和后方奔马雕塑为中轴线呈对称分布。广场两边种植松柏和樟树，中心有喷泉和奔马雕塑，雕塑高4.5米，长5.7米，重达2.5吨，象征全体师生教学科研工作驰骋腾飞，蔚为壮观。石雕基座上"奔腾"二字为陈云同志所题，深寓"奋进"之意。

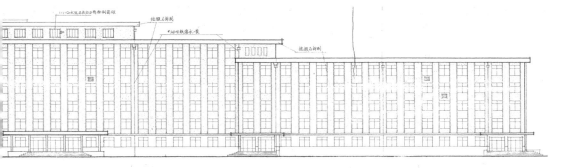

主立面图

南侧全景

# 逸夫体育馆

建成年份：1990 年
建筑面积：5643 平方米
建筑层数：2 层
结构类型：钢筋混凝土框架
          空间网架屋面

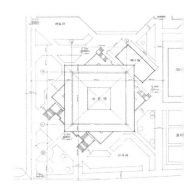

逸夫体育馆由香港知名人士邵逸夫先生赠款、浙江省政府配套投资兴建。

体育馆的造型充分展现了浙江大学空间结构的设计能力，65 米见方的巨大屋顶采用空间网架结构，稳稳地落在四根混凝土柱子上，而连接每根柱子的只是直径 20 厘米的四根钢管。这样的设计使得体育馆室内无论流线还是视线都没有任何的遮挡，而室外鲜红的大柱子及其挑战传统结构的空间形态又形成了独特的标识感。建筑自上而下的方形屋顶、八边形外墙和方形平台，通过旋转错位形成了架空走廊、大台阶和入口平台。体育馆并未采用造价较高的曲面和曲线造型，但仍在视觉上获得了整体而强烈的动感。设计单位为浙江大学建筑设计院。

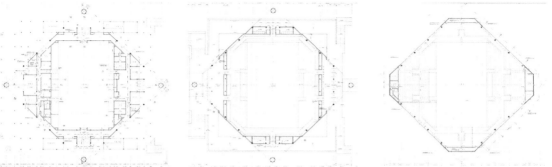

总图、底层平面图、二层平面图、观众厅平面图

# 新图书馆

建成年份：1997 年
建筑面积：10960 平方米
建筑层数：5 层
结构类型：钢筋混凝土框架

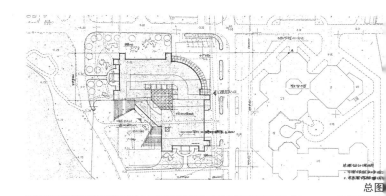

总图

新图书馆位于华家池东北侧，因此建筑得以向水面敞开而获得更多的观景面，同时形成西南向呈欢迎状的主入口。大楼在造型上符合我国 90 年代盛行的体块组合风格，而局部的弧面和折面处理也与周边的建筑协调统一，形成了华家池校区这一时期建筑的独特风貌。新图书馆的南向书库入口也运用了体块组合的设计手法，雨篷和西北向报告厅的入口立面一样都采用了弧形面，用前后呼应的方式保证了大体量建筑的整体感，而纤细框架与厚重雨篷的对比穿插也是当时流行的造型手段，框架两角转折处的细节还融入了传统文化的元素。设计单位为浙江省建筑设计研究院。

主入口

南入口

新图书馆：二层（入口大厅）平面图、三层（开架书库兼阅览室）平面图、剖面图

主立面

隔水远眺

# 文化景观小品

## 华家池碑

华家池碑位于华家池东侧，高约2米，呈灰色，由碑帽、碑身、碑座三部分组成。1996年书法家马春晓为此碑题写了"华家池"三字，其背面则简明地记载了浙江大学农学院（现浙江大学华家池校区）乱世建校、内迁贵州、重建校园的60多年沧桑历史。

华家池碑

## 于子三铜像

于子三铜像坐落于华家池校区图书馆旁，像高约0.8米，为纪念著名学生民主运动领导人于子三而立。

于子三1944年考入浙江大学农学院农艺系，时任浙大学生自治会主席，因组织反饥饿、反内战、反迫害的爱国民主学生运动，于1947年10月29日被国民党浙江保安司令部杀害。于子三事件在全国引起了强烈反响，唤醒了无数爱国青年投身革命，他的光辉事迹，在中国青年学生运动史上书写了不朽的篇章。

于子三塑像

**紫藤长廊**

　　紫藤长廊呈南北向，横卧于华家池与东滩之间，长约140米，建于20世纪80年代。因长廊两侧种植了紫藤，每到初夏，盛开的紫藤花挂满了整个长廊而得名。紫藤长廊是最受师生欢迎的休憩场所，更是避暑乘凉和垂钓的佳处。

紫藤长廊

**嫘祖像**

　　嫘祖像位于华家池校区蚕桑馆前，建于1996年，像高约3米，由底座和雕像构成。

　　嫘祖原名王凤，是轩辕黄帝的元妃，中国上古时期养蚕治丝的伟大发明家，民间尊奉她为"蚕神"。她自幼聪颖，发现天虫吐丝结茧，首创野茧家养，又治丝成衣。成为黄帝元妃以后，未尝宁居，随夫巡视全国，教民养蚕，历尽千辛万苦，最后病逝在南巡道上。

嫘祖像

# 5 之江校区

## 校区总览

　　浙江大学之江校区位于杭州城外南郊，钱塘江北岸，六和塔西侧的秦望山南麓，范围包括秦望山九座山脊中的三座——头龙头、二龙头、三龙头。

　　之江校区初始为之江大学的校园，是美国长老总差会在中国开办的基督教教会高等学校，初期主要由美国建筑师、规划师主持设计，因而呈现明显的西方校园空间格局与基地山林地形特征相结合的规划设计特点。整个校园枕山面江，景色宜人，主要大体量建筑环一草坪大花园而筑，前可眺钱江之潮，而小体量建筑及场所则依山

就势，参差山间，小巧而不失威重，玲珑而又具法度。自20世纪初立校至今，之江校区虽权属屡更但功能未变，增建有加但脉沿一系，旧局新貌相携共行，仅局部略有砥砺，是连续适度发展的佳例，此种格局迄今仍罕见于国内诸高等院校。

之江校区是杭州历史文化名城的重要组成之一，是西湖风景名胜区钱江景区的重要节点，其丰富了钱塘江南岸的历史文化内涵，提升了沿江景观的质量，亦是开展爱国主义教育、弘扬科学精神的极佳基地。

校区鸟瞰

# 建设史略

自1906年选址购地始，之江校区的规划、建设、使用已历经110年有余，期间随历史变革、时局动荡，大抵可分为六个时期。

### 创兴期（1906–1911年）

1906年，之江大学的前身育英学堂组建校董会，正式扩充为大学，然原位于杭州城内的校舍不敷扩充，需另觅新址。几经考量，校方最终选择了地广价廉的秦望山，购得二龙头当时仍处于自然野生状态的荒山660余亩。

1911年，校舍初成，计有学生宿舍两幢、教学主楼一幢、教员宿舍和别墅五幢，学校由城内迁至新址，因钱塘江之旧称而更名为之江大学堂。

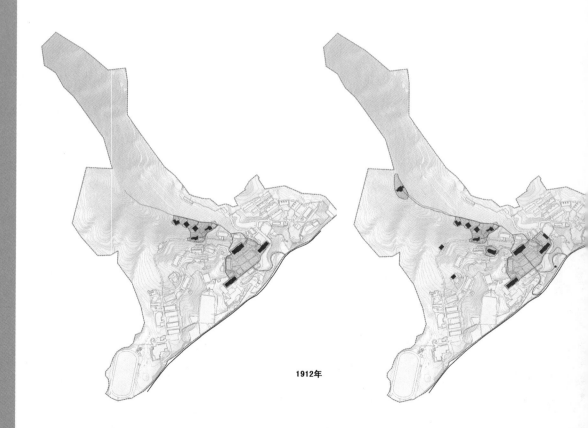

1912年

**扩充期（1912–1928年）**

　　1912年12月10日，孙中山先生来校参观并做演讲，对学校的教育工作计划极为赞许，并在主教学楼前的大草坪上与全校师生合影留念。1914年，学校更名为之江大学。1928年，因校务主持乏任、宗教权利等原因，学校宣告停办。这一时期，校舍、设施、场地均有扩充，建成了天文台、礼堂、教授别墅等多幢建筑，以及临江亭、情人桥、游泳池等设施，可惜其中的部分现只留遗迹。

**中兴期（1929–1936年）**

　　1929年，宗教权利之争尘埃落定，学校复课，次年获批以文理学院立案，设文、理、商、建四科，兼收女生，并设预科和高级中学。及至1936年，学校已共有学生714人，教职员76人，颇为兴盛。期间，校园陆续建成

校区建筑与场地变迁图 –1

1933年

1939年

145

了图书馆、科学馆、材料试验所、经济学馆等重要建筑。

**辗转期（1937-1945 年）**

  抗日战争期间，之江大学辗转浙、皖、沪、闽、黔四省一市，校园被日军所占，沧夷物非，天文台在战事初起之时即毁于日机轰炸，其余校舍或为军营，或改马厩。

**复兴期（1946-1952 年）**

  1946 年，随着抗战胜利，之江大学迁回杭州原址，并向海外募得款项，修葺校舍。1948 年，获准为综合性大学，设文理、工、商三学院，至 1949 年春，在校学生达 1066 人，教职员 122 人。新中国成立后，之江大学归

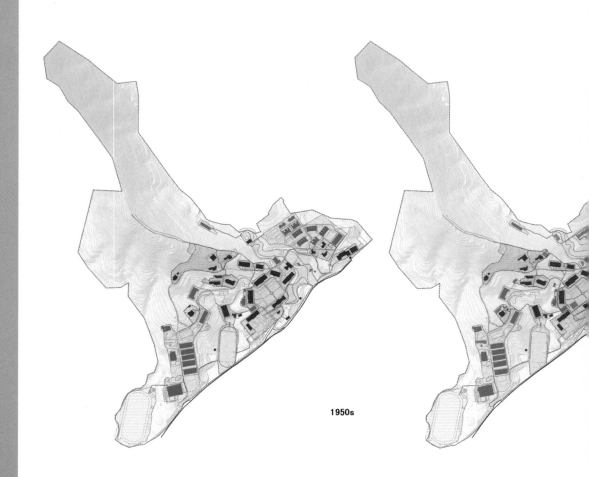

1950s

国家所有。

这一时期的代表性建筑为本校毕业生吴一清所设计的工程馆。

**新生期（1952年至今）**

1952年夏，遵中央决定，全国高等院校调整院系，之江大学各学系并入同济大学、上海财经学院、浙江大学、浙江师范学院等各所院校，校园则划归浙江大学使用管理。自此，之江大学成为一个历史的名字。此后的60余年时间里，之江校区作为浙江大学的一个校区，陆续建设了一批教学和生活用房，这里依然延续并展现着历史悠久而又鲜活生动的风采。

校区建筑与场地变迁图-2

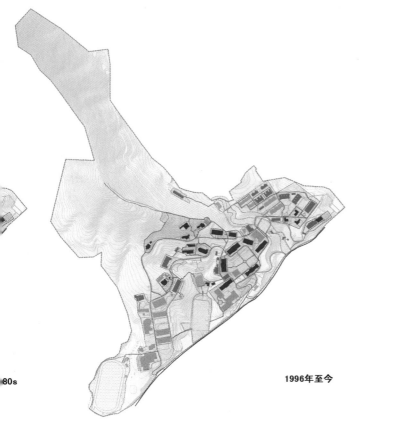

80s

1996年至今

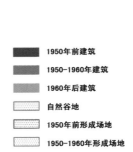

| | |
|---|---|
| ■ | 1950年前建筑 |
| ■ | 1950-1960年建筑 |
| ■ | 1960年后建筑 |
| ▦ | 自然谷地 |
| ▦ | 1950年前形成场地 |
| ▦ | 1950-1960年形成场地 |

## 文物建筑

20世纪80年代，之江校区作为之江大学旧址由浙江省建设厅、浙江省文物局推荐为国家优秀近代建筑，2002年8月列入第三批杭州市级文物保护单位，2006年由国务院核定列入第六批全国重点文物保护单位，序号951，编号Ⅴ-78，类型为近现代重要史迹及代表性建筑。

之江校区内现存的近代建筑类型丰富，建造精良，繁简有度，统一而各具风采，且大多保存完好，其中1号楼（东斋）、2号楼（西斋）、下红房、上红房、灰房、主教学楼（慎思堂）、小礼堂（都克堂）、6号楼（佩韦斋）、

9 号楼（绿房）、白房、中方教授别墅（3 幢）、图书馆、体育教研室、4 号楼（科学馆）、5 号楼（材料试验所）、钟楼（经济学馆）、学生服务部、后 6 号楼、校工住宅（附属小学宿舍）、3 号楼（工程馆）等 22 幢建筑被确定为全国重点文物保护单位的保护本体，另有 7 号楼、8 号楼等 11 幢建筑被确定为历史建筑。

2006 年至 2010 年，之江校区完成了二期修缮工程。

全景鸟瞰（1937 年）

# 1 号楼 东斋

建成年份：1909 年
建筑面积：1579 平方米
建筑层数：地上三层
结构形式：砖木混合

东斋南立面测绘图

1 号楼建成于 1909 年，是之江校区在二龙头建造的第一批 8 幢建筑之一，也是两幢学生宿舍之一，因其位于慎思堂之东，故称东斋，与西斋以慎思堂和大花园轴线对称，如鸟之双翼。东斋面江，正立面面向东南，是当时人们进入校园后，映入眼帘的第一座建筑。因其由美国俄亥俄州辛辛那提市的甘卜夫妇捐建，故亦被称为甘卜堂。

东斋（1917 年）

东斋的建筑平面形态呈"一"字形，内部格局为内廊式。建筑立面横向分为三段，中心对称，竖向亦分三段，为台座、楼层及屋顶。主入口设带门斗门廊——弧形山花结合入口两边多立克柱式，柱身无凹槽。立面门窗皆采用平券，且一、二层门窗除主入口外均嵌有拱心石。二层窗下有水平连续条石划分。立面转角皆嵌隅石。屋顶整体为直线四坡，坡度较缓。

著名词学大师夏承焘、著名莎士比亚翻译家朱生豪都曾在此楼工作过。

东斋（2002 年）

# 2 号楼 西斋

建成年份：1909 年
建筑面积：1579 平方米
建筑层数：地上三层
结构形式：砖木混合

西斋一层平面测绘图

　　2 号楼建成于 1909 年，是之江校区在二龙头建造的第一批 8 幢建筑之一，也是两幢学生宿舍之一，因其位于慎思堂之西，大花园之西南，故称西斋，与东斋对称。西斋由 Wheeler 夫妇和 Dusenbury 先生捐建，故亦被称为惠德堂或吴窦堂。

　　西斋的平面及立面与东斋完全相同，两者的外墙外侧均用上等红砖砌筑，内侧则用青砖，屋面采用了红色陶瓦。

　　建成初期，西斋底层曾作为学生饭厅。1949 年至 1950 年间，为了容纳更多学生住宿，西斋和东斋均在屋顶加建老虎窗以充分利用阁楼空间。1986 年，出于抗震的需要，西斋在立面上增设抗震柱和圈梁。在最近的修缮中，西斋和东斋又拆除了老虎窗，屋顶恢复原貌。

西斋（1925 年）

西斋主入口

# 下红房

建成年份：1910 年
建筑面积：279 平方米
建筑层数：地上二层
局部三层阁楼
结构形式：砖木混合

下红房（1933 年）

下红房亦称帕斯顿楼，是之江校区在二龙头建造的第一批 8 幢建筑之一，也是 5 幢外籍教师住宅之一，位于上红房南侧，灰房西侧。

下红房为西式别墅，坐北朝南，分主楼和作为盥洗间的附属配楼。主楼东南设外廊，增加了建筑的层次，强化了光影，使建筑物同周围产生虚实渗透。立面造型变化丰富，凸窗、阁楼、壁炉等处理手法为美国住宅中所常见。外廊列柱柱头雕凿精美卷涡、花草等图案，模仿爱奥尼式柱头，二层柱头以砖叠涩支撑出挑屋檐。外廊二楼的木栏杆、铁格栅围护，檐下柱间的木质挂落，则完全是中国传统建筑处理方式。整栋建筑包括外廊列柱均由红砖砌成，砌筑精良。屋顶为有老虎窗的多坡青灰色瓦顶。

下红房（2002 年）

1915 年前，下红房由时任之江大学教务长和《圣经》老师的周懋功夫妇居住。2003 年，作为丘成桐先生别墅进行改造。

下红房柱廊

# 上红房

建成年份：1910 年
建筑面积：299 平方米
建筑层数：地上二层
　　　　　局部三层阁楼
结构形式：砖木混合

上红房（1933 年）

　　上红房建成于1910年，是之江校区第一批建造的8幢建筑之一，也是5幢外籍教师住宅之一，位于下红房北侧，灰房西侧。

　　上红房为西式别墅，面朝东南，分主楼和作为盥洗间的附属配楼。建筑平面与下红房相仿，为非对称布局，较为紧凑，东北面主入口门廊与外廊一起连接相互独立的厅堂与房间，但占地面积与建筑面积均较下红房大。建筑立面与下红房亦相似，造型变化丰富，与下红房不同的是，上红房底层为开敞的弓形拱券外廊，带拱心石，有明显的文艺复兴痕迹。

　　上红房曾由先后担任之江大学校长的王令赓、司徒华林、李培恩居住，司徒雷登先生也曾在此居住过。

上红房（2002 年）

上红房柱廊

# 主教学楼 慎思堂

建成年份：1911 年
建筑面积：2062 平方米
建筑层数：地上三层
　　　　　局部地下一层
结构形式：砖木混合

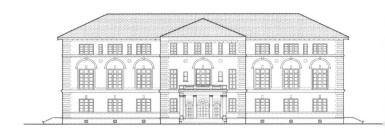

主教学楼南立面测绘图

　　之江校区整体枕山面江，而慎思堂位居正中，正面朝向东南。其落成于 1911 年 2 月，是之江校区第一批建造的 8 幢建筑之一，也是唯一的一幢教学楼。慎思堂以美国俄亥俄州克利夫兰市的捐资人赛佛伦斯先生命名，也被称为赛佛伦堂或赛佛伦斯堂。

　　建筑平面形态呈“一”字形，内部格局为内廊式。建筑立面为三段式，南向主入口门厅外侧由四根经过变化处理的爱奥尼式柱组成门廊，其上为矩形露台，配以小巧的宝瓶式透空栏杆。主入口采用半圆券，为券柱式构图，因柱距不同形成中间大拱券两侧小拱券的形式。券顶镶嵌拱心石，券脚落在多线脚的拱墩上。立面半圆券、平券窗交错重叠，部分饰以拱心石、拱墩。券窗间环状饰物，类似帕拉蒂奥母题。三层立面转角皆嵌隅石，简朴浑厚而不失细密，古典且简约。屋顶整体为直线四坡，坡度较缓。

主教学楼与大花园

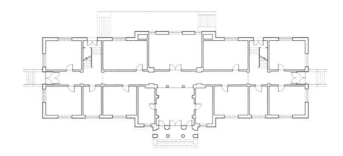

主教学楼一层平面测绘图

美国工程师在设计慎思堂时，还充分考虑了窗的面积，以创造合适的自然采光效果和舒适的授课环境。

慎思堂原正立面中段的女儿墙上升约1米，中间高起，采用巴洛克曲线形式，且檐口有多层线脚装饰，女儿墙内仍为坡屋顶做法。1985年，屋顶2根大梁被白蚁蛀蚀，经过换梁后，巴洛克曲线形式的女儿墙被改为现在的平直形式。

主教学楼（1924年）

主教学楼主入口

155

# 灰房

建成年份：1910 年
建筑面积：334 平方米
建筑层数：地上二层
　　　　　局部三层
结构形式：砖木混合

灰房（1933 年）

灰房建成于 1910 年，是之江校区第一批建造的 8 幢建筑之一，也是 5 幢外籍教师住宅之一，位于下红房东北侧，上红房东侧。

灰房面朝东南，室内空间格局较佳。建筑正立面当心间底层入口为石质半圆拱券，带拱心石，二、三层设外廊，木制栏杆。次间设半圆券，但无柱式。二层当中为一爱奥尼式柱。底层石墙有束腰收分，二、三层在 20世纪 80 年代改为水泥拉毛墙面。建筑的主要特征属近代折中主义式样。

灰房曾先后由时任之江学堂自助部监督的裘德生夫妇、威尔逊先生及家人、李培恩校长居住。

灰房（2002 年）

# 6 号楼 佩韦斋

建成年份：1926-1927 年
建筑面积：720 平方米
建筑层数：地上三层
　　　　　带阁楼
结构形式：砖木混合

佩韦斋（1931 年）

佩韦斋（1936 年）

佩韦斋位于都克堂西侧，建成于 1926 年至 1927 年间。

建筑整体风格清新朴实，具有当时流行的西方殖民风格特征，周围树影婆娑，甚是优美。建筑平面呈长方形，入口门廊设在南面正中，经过门厅后，直达北部楼梯间。门厅两侧平面布局不对称，西侧为两间紧贴的大房间，东侧设内走廊，南北各数间。二层门廊上部为阳台。三层以上设置阁楼，带老虎窗。建筑立面竖向分为台座、楼层及屋顶三段，一、二层之间有浅灰色水泥线脚，加强建筑总体稳定感。入口门廊采塔司干柱式，其上为宝瓶式透空栏杆。建筑外墙通体使用青砖，清水砌筑。一、二层半券窗，中嵌拱心石，阁楼山墙面设半圆券窗，亦嵌拱心石。屋顶为硬山二坡顶，红色机平瓦。

佩韦斋建成初期作为教职工宿舍，后因 1930 年学校开始招收女生而改作女生宿舍。此后，陆续被用作医务室、保卫科、广播台等。

佩韦斋（2002 年）

157

# 小礼堂 都克堂

建成年份：1919 年
建筑面积：439 平方米
建筑层数：地上一层
　　　　　局部夹层
　　　　　塔楼二层
结构形式：石墙承重
　　　　　木屋架

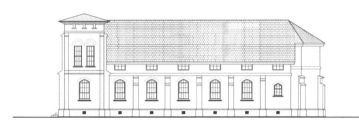

都克堂北立面测绘图

　　都克堂位于慎思堂西侧，图书馆西南侧，由美国新泽西州东奥兰治的都克家族捐建，于1917年6月20日奠基，1919 年 1 月 11 日举行落成典礼。

　　建筑分主体和塔楼两部分。主体为不带侧廊的巴西利卡式布局，分为前厅、主厅和祭坛三部分。前厅南侧为通向夹层的楼梯，北侧为塔楼。长方形主厅导向祭坛的动势很强。祭坛前部唱台用以唱诗演出，后部半八边形祭坛用以牧师布道。都克堂尚有一夹层，类似现在的剧院楼座，覆盖于前厅之上。塔楼在造型上相对独立于主体，整体以竖向的垂直线条控制，更因转角处采用垂直相交的扶壁柱而形成挺拔向上的趋势。整个建筑立面以大块料石砌筑，刚健凝重。尖券式门窗线脚细致精美。侧立面以扶壁柱作垂直向划分，使柱间窗形成强烈的序列感。壁柱分上下两段，明显收分。其他细部如门上山花、扶壁柱等尖状做法，充

TOOKER CHAPEL　　　　　　　　　　　都克堂
都克堂（1924 年）

都克堂主入口

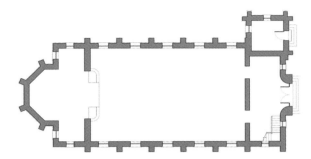

都克堂一层平面测绘图

满哥特式建筑向上的动感，而入口的弓形拱则反映其都铎复兴式的建筑特征。

　　1974 年，都克堂进行了一定程度的改造。主体部分，外墙被加高了 1.4 米到 2.5 米不等，表面作水泥砂浆拉毛处理，并于南北两侧各新设中悬窗 7 扇和 6 扇，同时新修屋顶；塔楼部分，在原有女儿墙上新建四坡屋顶；尖券被封；内墙面原为裸露块石，后以水泥饰面，新设出入口。

　　都克堂早年为之江基督会礼拜堂，"文革"前曾作为舞厅、小会议厅，"文革"后曾作为剧场、录像厅等，凡校内大型集会都在此举行，1996 年后又为浙江大学三分部的活动中心。

都克堂塔楼

# 9 号楼 绿房

建成年份：1918 年
建筑面积：486 平方米
建筑层数：地上二层带阁楼
结构形式：砖木混合

绿房位处二龙头北部一相对独立的台地上，与其他早期建筑距离较远，因势择地，是之江大学成立后第二批建造的外籍教授别墅之一。

绿房面朝东南，北侧配置佣人房。立面竖向分四段，分别为台座、一层、二层及屋顶。建筑墙面材质处理对比显著，具有某些新艺术运动时期的风格，也带有美国草原别墅的特征。西侧入口处有柱式门廊。石砌台座，一层外立面为清水青灰砖，门窗、外廊洞口以青砖砌平拱砖过梁，二层外墙饰绿色木板条，门窗亦漆成绿色，与下部墙体在色彩及材质上均形成强烈对比，此做法为之江校区建筑中的孤例，特点鲜明。

绿房最初由维勒夫妇居住，后于 20 世纪 60 年代用作女生宿舍。现在的建筑在原西侧入口门廊上有所加建，原貌已不详。

绿房山墙

绿房背立面

160

# 白房

建成年份：1918 年
建筑面积：355 平方米
建筑层数：地上二层带阁楼
结构形式：砖木混合

白房位处二龙头山脊高台上，下红房北侧、7 号楼西北侧，是之江大学成立后第二批建造的外籍教授别墅之一。

白房平面为大小两个长方形的叠加，入口门廊设在南面正中。其建筑风格古朴简约，极少装饰处理。白房立面竖向分三段，分别为台座、两层主体及屋顶。台座外表面用水泥砂浆处理成仿毛石。主体外墙采用清水青砖墙，除西侧部分门窗设气窗直至檐口外，其余均为带拱心石的平券窗。主入口门廊前部采用爱奥尼式双柱，后部为单柱，除柱础外，其余包括柱身、柱头、檐底托板、檐壁、檐壁上的齿饰、檐冠等均为木结构，但做法为西式风格，柱头、檐部木雕精美。其上托人字形术屋架，双坡屋顶。

白房最初由威尔逊一家居住，后作为学生宿舍。

白房主入口

坡地上的白房

# 图书馆

建成年份：1932 年
建筑面积：1192 平方米
建筑层数：地上二层
　　　　　地下一层
结构形式：砖木混合

图书馆南立面测绘图

　　图书馆是之江大学在1929年至1936年间建造的最重要的建筑之一，由之江大学的同学会募捐修建。图书馆位处二龙头慎思堂与都克堂间的山坡上，始建于1931年，次年落成。

　　图书馆的建筑风格典雅而纤秀，属于典型的折中主义风格，是之江校区最具装饰色彩的建筑。建筑平面呈长方形，入口门廊设在南面正中，经过门厅后，直达北部楼梯间。建筑立面通过入口拱券、阳台栏杆及十字架（现为红五角星）灰塑图案等处理手法，体现出恬静细腻的风格。上层窗户两侧砖柱精致，与水泥窗台及平过梁，共同加强了建筑的稳定感和层次感。红砖砌筑墙体顶端叠涩收分，砌筑细腻。红瓦四坡顶采用内檐沟式屋面做法，为之江校区建筑中内排水做法之孤例。图书馆内部设备精究，座位舒适，光线充足，可容500余人。

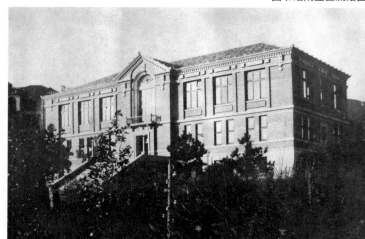

图书馆（1933 年）

图书馆主入口

# 4 号楼 科学馆

建成年份：1932 年
建筑面积：1818 平方米
建筑层数：地上三层
结构形式：砖木混合
　　　　　部分后加钢骨混
　　　　　凝土梁承重

科学馆东立面测绘图

　　科学馆位处二龙头校区轴线西侧，慎思堂及两斋之间。主入口朝东，面对中心草坪，是围合、形成校园中心的重要建筑。科学馆动工兴建于 1931 年秋季，落成于次年 8 月，为纪念于 1930 年逝世的前任校长裘德生博士，故命名为裘德生科学馆。

　　建筑风格具有简约的折中主义特征，端庄大方，与周边建筑和环境融洽协调。外墙由红砖砌筑，石灰砂浆勾平缝，各层间以水泥线脚分隔。入口处有石制柱式及三角形山花，二层正中 5 个窗洞以红砖砌弧形拱券，其余为红砖砌平拱过梁。墙体转角处有勒石处理，是当时校区内建筑的通常做法。整个立面凹凸变化丰富，设计细致精巧。建筑平面为一般教室布局方式，初期使用功能较多，包括化学、土木工程、生物、物理等系的主任办公室、实验室、绘图室、储藏室及理科教室等，兼具教学、实验、阅览、办公、会议等多项用途。

科学馆（1933 年）

科学馆东立面

# 体育教研室

建成年份：1934 年
建筑面积：153 平方米
建筑层数：地上二层
　　　　　局部地上一层
结构形式：砖木混合

体育教研室位于二龙头及三龙头之间的谷地，西邻今体操房，是之江校区早期修建的体育类建筑，由当时的《申报》主编、之江大学校董史量才先生捐资建造。

体育教研室为普通二层建筑，四坡屋面，灰色青砖墙体，墙面无装饰。建筑内部除办公室外还设更衣室、寄存室和体育器材储藏室等。周边另有网球场、篮球场等许多运动场地，与体育教研室共同被师生称为"健美谷"。

体育教研室

"健美谷"

# 5 号楼 材料试验所

建成年份：1935 年
建筑面积：566 平方米
建筑层数：地上二层
　　　　　局部地下一层
结构形式：砖木混合

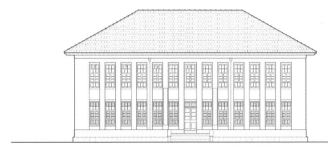

材料试验所南立面测绘图

　　材料试验所位处二龙头慎思堂及都克堂之间的山坡上，西侧紧邻图书馆，是校区内唯一的试验类建筑。

　　建筑平面为一般教室布局，初期供土木工程系学生实习材料实验之用。建筑立面有大面积开窗，内凹的窗洞使整体墙面竖向划分的韵律凸显。窗洞中水泥砂浆抹面的窗台及过梁则丰富了水平划分的效果。建筑为砖混结构，红砖砌筑方式细腻。整体风格简约，仅在二层窗墙下有装饰。现存建筑虽对原立面做过一定程度的修改，细部装饰湮灭，但基本保持了原有的风格。

材料试验所（1936 年）

材料试验所

## 钟楼 经济学馆

建成年份：1936 年
建筑面积：822 平方米
建筑层数：地上一层
　　　　　局部四层
结构形式：砖混

钟楼（1939 年）

钟楼建成于 1936 年，由当时中国著名出版商、金融家、《申报》主编、已故校董史量才先生的家属捐建，是这个时期建造的最具校园标志性意义的建筑。其位于二龙头校园轴线起点，由校门拾阶而上，穿过钟楼钟庭即进入中心广场，位置显要。钟楼初名同怀堂，又称经济学馆，因顶层钟塔内置大钟，鸣而江醒校振，故又名钟楼，为师生熟呼。

　　该建筑是中国建筑师设计的现代主义建筑风格的早期作品之一，已从集仿主义中摆脱出来，注重功能合理，建筑形式为内部功能的自然反映。主教学楼及东、西斋方正的轮廓与稳定的水平划分反衬着钟楼复杂的形体和蓬勃向上的动势。建筑平面分三段，以中段为中心，左右对称皆为一层，中段为三层，上设钟塔。建筑立面强调竖向划分，自下而上的壁柱砖砌出凹凸变化的阴阳线脚，局部加以分段处理，使立面对称而不呆板。矩形窗

钟楼主入口

户的砖砌过梁表现了结构体系的逻辑。入口采用平缓的拱形门券，层层内收，砌筑手法细腻。正上方"经济学馆"四字由当时的校长李培恩所题。建筑采用平屋顶，是之江校区近代建筑的孤例。檐口以水泥线脚压顶成起伏状，屋顶平台上可俯瞰校园全景和钱江潮水。建筑的主要特征呈现为装饰艺术风格。

钟楼上的钟

167

# 3 号楼 工程馆

建成年份：1951 年
建筑面积：1323 平方米
建筑层数：地上三层
结构形式：砖混

工程馆西立面测绘图

工程馆为抗战胜利后之江校区增建的建筑，位处二龙头校园轴线东侧，主入口朝西，面对中心草坪。工程馆于 1950 年 11 月 6 日奠基，1951 年落成，由政府拨款建造。2010 年上映的电影《唐山大地震》为还原 20 世纪 80 年代大学校舍的场景，还特地来到此楼取景。

工程馆（2002 年）

该建筑的设计沿用了周边建筑的一些主要手法，显示出设计者良好的大局观。建筑入口处有两层类古典柱式处理，主立面有平券窗，显得端庄而不刻板，建筑角部砌有勒石。其红砖墙砌法较同时期建筑精良，砌筑风格及材料与早期建筑类似。建筑平面为普通教室格局，初期使用功能比较复杂，兼具教学、实验、阅览、办公、会议等多项用途。

工程馆主入口

# 求是堂

建成年份：1997 年
建筑面积：3800 平方米
建筑层数：地上二层
结构形式：钢筋混凝土框架

　　求是堂位于校区西南区、三龙头的头部，于 1997 年 4 月 4 日落成，由香港著名实业家查济民、刘璧如夫妇捐资 400 万港币兴建，为学生生活、活动用房。建筑墙面采用红色面砖结合局部白色涂料饰面，屋顶为红色平瓦四坡屋面，整体造型、色彩基本能融入整个校区的氛围。

　　查济民先生 1914 年出生于浙江海宁，1927 年考入浙江大学的前身——国立第三中山大学附设工业学校染织科学习，1947 年在香港创办实业。1994 年初，为弘扬求是精神，促进我国科技事业的发展，查先生设立"求是科技基金会"，任董事长。

求是堂全景

求是堂入口

# 李作权学生活动中心

建成年份：2000 年
建筑面积：1688 平方米
建筑层数：地上二层
　　　　　局部三层
结构形式：钢筋混凝土框架

　　李作权学生活动中心建成于 2000 年，投入资金 100 万元人民币，由浙江大学建筑设计院设计。建筑墙面为红色面砖，檐口饰以白色线脚，屋顶为平屋面，整体造型、色彩与整个校区的氛围基本协调。

　　李作权先生 1938 年毕业于之江大学，后在九龙海关工作，退休后从事慈善事业。

李作权学生活动中心鸟瞰

李作权学生活动中心正立面

# 曾宪梓教学楼

建成年份：2001 年
建筑面积：3385 平方米
建筑层数：地上二层
结构形式：钢筋混凝土框架

曾宪梓教学楼建于 2001 年，由香港著名人士曾宪梓捐建，投入资金 500 万元人民币，由浙江大学建筑设计院设计。建筑外墙为红砖清水砖墙，圆券窗，屋顶为红瓦四坡缓坡屋面，整体造型、色彩及场地设计均考虑与相邻文物建筑的关系，虽风格不同，但处理得当，关系融洽。

曾宪梓教学楼西立面

曾宪梓教学楼入口

# 校区景观

## 情人桥

　　进之江校区大门，沿右边石阶拾级而上，绕过标志性建筑钟楼，右行不远就会看到一汪碧潭。水上并排三座水泥桥，一宽两窄，桥的一边是校舍，另一边是学校员工家属区，这就是大名鼎鼎的"情人桥"（2010年上映的电影《唐山大地震》外景地之一）。据说，"情人桥"是司徒雷登的弟弟司徒华林（之江大学第三任校长）所建，建成之后，渐成为学生的约会胜地。20世纪30年代执教于此的词学大师夏承焘，曾在日记中写道："夜与雍如倚情人桥听水，繁星在天，万绿如梦，畅谈甚久。"

情人桥

## 上清池

　　"上清池"是情人桥下的水库，位于校园往北两三里处。人迹罕至的山腰高深处，一潭池水，水清见底，四周山色迷人，令人陶醉。之江大学教授顾敦柔曾发出感慨："高在山高头，深在山深处，只有春水一潭清且浅。潭水可是天上来？还是神仙留下的琼浆玉醴？"

上清池

## 双龙瀑

双龙瀑是由山涧溪流形成的两处小瀑布，因其一个在二龙头东麓，一个在头龙头与二龙头之间而得名。瀑布虽然不大，但在众多的西湖山水中却是不多见的。夏承焘先生曾为"双龙瀑"作诗曰："岂有玑珠落九天，悬崖百丈挂龙涎。春洪一夜忝声气，也有惊雷破昼眠。"把双龙瀑描绘得惟妙惟肖，令人神往。学校为解决师生的生活和消防等用水问题，便利用这里的天然水源，在情人桥下端筑建了一座堤坝，将淙淙溪流汇集成个一蓄水池，池水湛蓝，水质清澈。每次大雨过后，仍能看到当年瀑布的影子。

双龙瀑

## 小盘谷

过情人桥北转，一径通幽，一汪碧水；潺潺的溪流，奏着清脆的音符，在山涧倘徉；湛蓝的池水，浮光掠影，绿树婆娑，别有一番天地，这就是大名鼎鼎的"小盘谷"。有诗曰："之江好，幽境在盘阿。春服那有溪面好？梅花更比饭香多。击缶有人歌。"（夏承焘作）。现在这里建造了一座配电房，其西侧有一条通往茶园和革命村的小路，仍是一处很幽静的地方。

小盘谷

# 6 舟山校区

① 图书馆学生活动中心
② 公共教学楼
③ 先进技术研究中心
④ 海洋科学中心及综合办公大楼
⑤ 大型实验科研组团
⑥ 体育中心
⑦ 校医院
⑧ 景观标志塔

## 校区总览

作为浙江大学的第六个校区，舟山校区选址于浙江省舟山市临城新区与定海城区之间，基地依山面海，环境优美。依托舟山得天独厚的海洋区位优势和舟山群岛新区建设的有利时机，舟山校区定位为国际一流的专业型、研究型海洋学院，并将成为服务浙江省乃至全国的高水平海洋科教基地和海洋人才高地。

舟山校区总规划用地面积600亩，目前已建成一期，总建筑面积19万平方米，规划在校学生约4000人。校区规划从对群山相夹、不甚规则的用地的梳理切入，采取"保留整合、借景理景"的手法，最大程度保留原始地形，并引入周边水系，充分强化"依山融湖、凭海为邻"的基地自然条件，突出"山水"要素，凸显"海洋"特色。建筑布局则顺应景观地形，形成一核两轴三组团的整体结构。一核：图书馆学生活

动中心作为标志性建筑位于校区的核心位置，也是南北、东西两条主轴的交点与高潮。两轴：南北向礼仪性主轴面向海天大道及东海打开，形成舟山校区对外形象展示的窗口；东西向功能性主轴则是串联校区主要建筑群的核心交通空间。三组团：教学、办公、服务功能团沿东西组主轴依次展开，联系紧密；大型实验科研组团位于南北主轴西侧，避免对教学区的干扰；生活功能组团位于校区北侧，依山势而建，相对独立、安静。

建成以后的舟山校区得到了教育部、浙江省、舟山市、浙江大学以及社会各界的一致好评，来校区参观考察的中外团体更是络绎不绝。一位在舟山校区工作的浙大教师说道：漫步校区，黛瓦朱墙、塔影鹭鸣、水天一色，虽然已离开老浙大来到舟山，但作为浙大求是人的自豪感却未消减……

校区鸟瞰

依山融湖、凭海为邻

一核两轴三组团

南北向礼仪性主轴

东西向功能性主轴

## 建筑风貌

鉴于地理气候特征、建筑功能要求以及浙江大学传统建筑特色的目标取向，舟山校区的建筑风貌在传承玉泉校区建筑特色的基础上力求创新，并融入现代及海派元素，体现时代感和海洋文化特色。建筑平面形态理性方整，主要建筑集中布置、联系方便，可避风雨、节约用地。建筑空间形态以"院落"为原型进行有机组合，兼顾朝向、景向的综合平衡，营造优越的教学环境。建筑立面风格贯彻"和而不同"的总体原则，在传统风格的基础上适当融入海派元素；靠近主轴线的重要建筑采用歇山或庑殿的屋顶形式，次要建筑则采用平坡结合的屋顶形式；灰白色石材基座，红色面砖墙面和深灰色筒瓦屋面与玉泉校区的整体色调相吻合。

此外，舟山校区的建筑在设计中非常注重细节的推敲，并有很高的建造完成度，

例如：通过手工陶土面砖的选择及调色、精细有据的排砖、檐口线脚的勾勒、局部真砖幕墙与面砖外墙的搭配使用等手法，很好地还原了清水红砖墙的观感和质感；通过歇山顶侧山花、挑檐口铝板装饰线条、真砖幕墙等建筑局部的处理，将外立面的设备排风口予以巧妙的隐藏；柱廊的圆拱与柱头交接处的处理丰富、准确；各个建筑主入口利用石材光面与毛面的不同肌理、质感，形成具有浮雕效果的纹饰。这些精细化的细节把控得以确保建筑品质达到建造百年校区的预期目标。

"和而不同"的建筑风格

平坡结合的屋顶形式

从拱廊看院落空间

石材基座与面砖墙面

歇山顶山花细部

真砖幕墙与面砖墙面

# 图书馆学生活动中心

建成年份：2015 年
建筑面积：23307 平方米
建筑层数：8 层
结构类型：框架－剪力墙结构

图书馆学生活动中心位于校园核心区中心，依山拥湖，是校区两大主轴的视觉焦点和标志性建筑。

图书馆采用立方体围院的建筑形式，内向四坡的屋顶强调了其中心节点的向心性，简洁而富有力度的造型具有标志性和面向未来的姿态。中庭内的仿古亭为榫卯结构原木制作，既与周边的坡屋顶建筑含蓄呼应，又成为整个校区的点睛之笔。精致而富有海派意味的砖拱连廊连接周边建筑，既丰富了建筑立面又在多风雨的舟山具有实用功能。

图书馆一层为书库；二层结合室外平台为入口门厅及学生自修教室；三层北侧为书店，南侧为校网络中心；四至五层为大开间阅览室；六层为电子阅览室及计算机中心；七至八层为海洋人文系；地下一层为汽车库。学生活动中心位于图书馆前二层平台下，主要包括 700 座小剧场、社团活动室及办公室等。

图书馆正立面

图书馆建筑主体与拱廊

从拱廊看图书馆

图书馆外景

图书馆中庭与仿古亭

图书馆内景

# 公共教学楼

建成年份：2015 年
建筑面积：13155 平方米
建筑层数：5 层
结构类型：钢筋混凝土框架

公共教学楼位于校区核心区，由南北两幢主楼和东西附楼共同围合院落空间。北侧主楼面向东西主轴，南侧主楼则面对开阔的水面，平静湖面上的倒影为建筑增添了几分灵动的色彩。建筑主楼高 5 层，采用传统庑殿的屋顶形式。建筑面积 13155 平方米，内部包括了 70 余个大小不一的公共教室。

公共教学楼北立面

华灯初上的公共教学楼

公共教学楼内部庭院

公共教学楼南立面

# 先进技术研究中心

建成年份：2015 年
建筑面积：8414 平方米
建筑层数：5 层
结构类型：钢筋混凝土框架

先进技术研究中心位于图书馆和公共教学楼之间，西侧与学生活动中心相连，北侧面向东西主轴。建筑主体共五层，采用传统的歇山屋顶形式。建筑内部功能主要为研究实验室和办公室。

先进技术研究中心的歇山屋顶

先进技术研究中心北立面

# 海洋科学研究中心及综合办公楼

建成年份：2016 年
建筑面积：28871 平方米
建筑层数：3–5 层
结构类型：钢筋混凝土框架

　　海洋科学研究中心及综合办公楼位于校区东侧主入口的南侧，由数幢建筑共同围合南北两进院落。北区为综合办公楼，建筑主体高五层，屋顶采用传统的歇山形式。南区为海洋科学研究中心，其中一、二两层主要为实验室，三、四两层为办公室。南区建筑屋顶采用传统的庑殿形式。

海洋科学研究中心及综合办公楼

联系各幢建筑的拱廊

# 大型实验科研组团

建成年份：2015 年
建筑面积：24981 平方米
建筑层数：1-5 层
结构类型：钢筋混凝土框架
　　　　　框架－剪力墙
　　　　　框架－中心支撑

　　大型实验科研组团位于校区南北主轴的西侧，可有效避免对教学区的干扰。该组团包括港航与近海工程大厅、海洋与船舶工程大楼、船舶工程大厅、海洋技术大厅和基础实验平台，拥有数个世界一流的大型实验平台，如世界唯一的双六自由度实验平台、世界第四大操纵性水池实验平台等。

船舶工程大厅

双六自由度实验平台

大型实验科研组团

操纵性水池实验平台

海洋与船舶工程大楼

# 体育中心

建成年份：2015 年
建筑面积：10815 平方米
建筑层数：3 层
结构类型：框架－剪力墙

体育中心位于校区核心区，东西主轴北侧，采用四坡结合平顶的建筑形式。体育中心由门厅连接东西两馆，东馆一层为游泳池，其上为羽毛球馆，西馆一层为乒乓球馆、健身房、体操房等，其上为篮球馆。

体育中心北立面

体育中心东馆

# 校医院

建成年份：2015 年
建筑面积：2253 平方米
建筑层数：2 层
结构类型：钢筋混凝土框架

校医院位于生活功能组团的北端，与学生宿舍相邻。

建筑平面呈规整的矩形，形体采用虚实穿插的手法，简洁大方。位于建筑中部的就诊大厅两层通高并引入天光，营造宽敞明亮的室内空间效果。

校医院外景

校医院正立面

# 景观标志塔

废弃水塔改造的观景平台

校区中间的小山包上原有一处废弃的水塔，在校区的规划设计中将其改造为观景平台，并在其侧新建了景观标志塔。景观标志塔的造型取自海边引航的灯塔，契合舟山校区作为海洋学院的专业特色。登上观景平台，南望即为东海，北顾则整个校区尽收眼底，意蕴悠长。

形似灯塔的景观标志塔

# 7 海宁校区

## 校区总览

海宁校区全称为浙江大学国际联合学院（海宁国际校区），由浙江大学与海宁市人民政府合作，拟将建设成为与世界一流大学或领先学科无缝对接的高水平校区，国际化办学理念、教育模式和机制体制探索的特区，人才培养的战略高地，国际合作办学和海外高技术在境内转化的示范基地。海宁校区中外联合培养拔尖在校生规模拟达到 8000 人，研究生和本科生的比例为 4:6，其中国际学生比例不低于 30%。

海宁校区总用地面积 1484 亩，其中可建设用地 1000 亩，总建筑面积约 40 万平方米。海宁校区总体规划以中心湖和环校水系为纽带，以融入自然为理念，分四大组团布局，分别是教学组团、学生生活组团、教师生活组团和生活保障组团。

建筑风格以欧洲古典主义为基调，同时适度融合中国传统元素和现代建筑意向，

整体格调追求庄重典雅的"书卷气"。

　　海宁校区目前正在建设中，一期工程（湖东综合体）已基本完工。

鸟瞰效果图

## 教学组团

　　海宁校区教学组团位于校园南端，南起正校门北止学术大讲堂，呈中轴线对称布局。教学组团分南北两区，北区包括学术大讲堂、南教学楼、商学院及行政楼、多功能楼等建筑。南区为浙江大学爱丁堡大学联合学院（教学实验楼）、浙江大学伊利诺伊大学厄巴纳香槟校区联合学院（成果转换与交叉研究中心）两组建筑，两者相对而立围合出中央大草坪。

行政楼效果图

教学楼效果图

## 学生生活组团

　　学生生活组团位于校园东侧，包括书院组群和湖东综合体两个区块。书院的概念源自欧式教育体制，旨在使每一位同学都有一种归属感。各个书院自成一体形成一个小型的生活社区，主要为学生湖东综合体借鉴城市综合体的概念，为学生提供生活与学习复合服务配套，将餐饮、休闲、社团活动、教学、图书馆等多种功能融于一体。

书院组群效果图

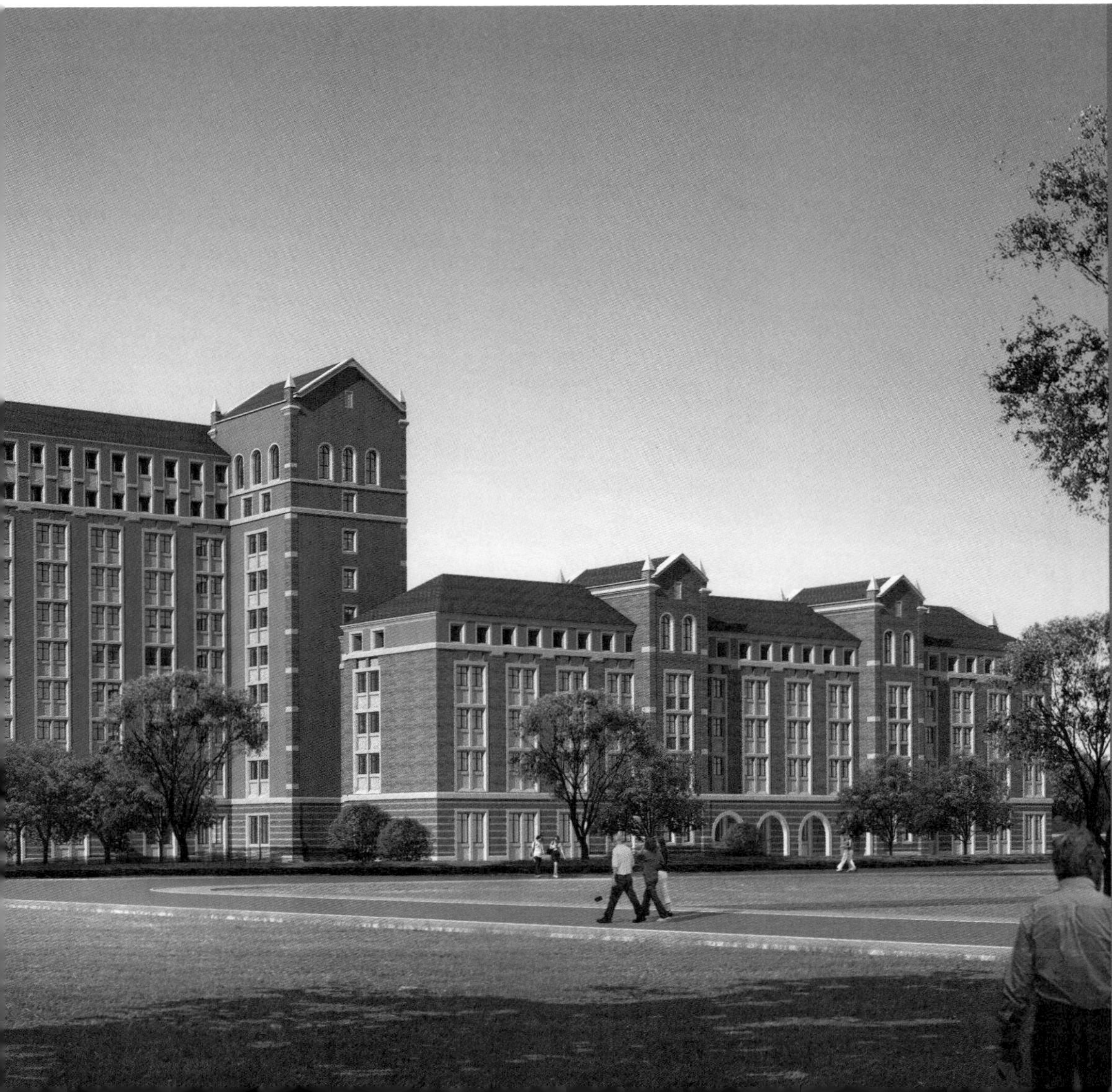

书院内景效果图

湖东综合体之学生商业街

湖东综合体之图书馆

湖东综合体之北教学楼

湖东综合体之文理楼

湖东综合体之学生中心

# 教师生活组团

　　教师生活组团位于校园西区，包括教师公寓、教工俱乐部、家属宿舍以及相应配套设施，是一个为教职工日常生活提供服务的小型开放社区。

教师公寓效果图

教师公寓鸟瞰效果图

教工俱乐部鸟瞰效果图

教工俱乐部效果图

217

## 生活保障组团

　　生活保障组团位于校园北区，包括体育馆、400米标准田径场、户外训练场、户外篮球场、校医院以及其他相应配套设施，是一个为师生身体健康提供服务和后勤保障的基地。

校医院效果图

体育馆大台阶

体育馆

# 资料来源

浙江大学档案馆
浙江大学新闻办公室
浙江大学基本建设处
华南理工大学建筑设计研究院
筑境建筑
浙江大学建筑设计研究院有限公司
中国建筑设计研究院
浙江大学摄影协会
南京图书馆古籍部
浙江省图书馆古籍部

《求是飞羽》
《风光摄影－紫金港》

陈　畅
陈　帆
陈昕伟
曹震宇
贺治国
洪保平
花诗鉴
陆　激
卢绍庆
吕子正
潘福东
彭荣斌
沈　斌
汤朝晖
王　卡
汪晓勇
邢东文
颜晓强
余　健
张笑宇
赵伟伟

图书在版编目（CIP）数据

浙大景影：浙江大学校园建筑文化地图/陈帆，王
卡，曹震宇编著． — 杭州：浙江大学出版社，2017.5
ISBN 978-7-308-16807-6

Ⅰ．①浙⋯　Ⅱ．①陈⋯　②王⋯　③曹⋯　Ⅲ．①浙江大
学-教育建筑-介绍　Ⅳ．①TU244.3

中国版本图书馆CIP数据核字（2017）第071836号

**浙大景影**：浙江大学校园建筑文化地图

陈　帆　王　卡　曹震宇　编著

| | |
|---|---|
| 责任编辑 | 谢　焕 |
| 责任校对 | 杨利军　韦丽娟 |
| 装帧设计 | 程　晨 |
| 出版发行 | 浙江大学出版社 |
| | （杭州市天目山路148号　　邮政编码　310007） |
| | （网址：http://www.zjupress.com） |
| 排　　版 | 陈　帆　王　卡　曹震宇 |
| 印　　刷 | 浙江海虹彩色印务有限公司 |
| 开　　本 | 710mm×1000mm　1/16 |
| 印　　张 | 14.25 |
| 字　　数 | 82千 |
| 版 印 次 | 2017年5月第1版　2017年5月第1次印刷 |
| 书　　号 | ISBN 978-7-308-16807-6 |
| 定　　价 | 69.00元 |